家禽常用生物制品合理使用

主 编
陈晓月

副主编
胡玉苗　周永江

编著者
任钰峰　李昀隆　李　巍　钱丽莉
杨　卓　栾　兰　韩小虎　李建忠

金盾出版社

内 容 提 要

本书由沈阳农业大学动物医学院专家精心编著。内容包括：我国养禽业的发展现状和趋势，我国家禽疫病的流行趋势和特点，生物制品对家禽各种疫病的防治作用，家禽常用生物制品的类型，家禽常用疫苗、卵黄抗体、诊断用生物制品、微生态制剂、副免疫制品的合理使用等，并以附表形式，介绍了生物制品使用过程中常用名词及解释和各种家禽的参考免疫程序。文字通俗易懂，内容先进实用，适合养禽场（户）技术人员、基层兽医以及各农业院校相关专业师生阅读参考。

图书在版编目(CIP)数据

家禽常用生物制品合理使用/陈晓月主编．— 北京：金盾出版社，2013.12
 ISBN 978-7-5082-8827-7

Ⅰ.①家… Ⅱ.①陈… Ⅲ.①家禽—兽用药—生物制品—基本知识 Ⅳ.①S859.79

中国版本图书馆 CIP 数据核字(2013)第 222758 号

金盾出版社出版、总发行
北京太平路 5 号（地铁万寿路站往南）
邮政编码：100036　电话：68214039　83219215
传真：68276683　网址：www.jdcbs.cn
封面印刷：北京精美彩色印刷有限公司
正文印刷：北京万博诚印刷有限公司
装订：北京万博诚印刷有限公司
各地新华书店经销
开本：850×1168 1/32　印张：6.75　字数：162 千字
2013 年 12 月第 1 版第 1 次印刷
印数：1~8 000 册　定价：14.00 元

（凡购买金盾出版社的图书，如有缺页、
倒页、脱页者，本社发行部负责调换）

前 言

随着我国农业产业化改革的不断深入,有力地带动了养禽业的持续发展,养禽业已成为农业经济的重要支柱产业之一。随着养殖规模的不断扩大,养殖方式的不断更新,我国养禽业正逐步由传统的一家一户的分散型饲养向专业化、企业化、商品化、集约化、规模化饲养转变。尽管疾病防治和研究水平有了很大提高,给广大养禽户带来了极大的经济效益,带动和促进了养殖科学的进步。但在生产实践中,家禽疾病问题仍十分突出,已经成为困扰养禽业健康发展的重要因素。因此,如何有效预防、控制、治疗和及时诊断家禽疾病,保障养禽业的健康发展,已成为养禽业和相关专业人员所面临的艰巨任务。

目前,我国生产的兽用生物制品种类繁多,随着养禽业的不断增长,对生物制品的需求也越来越大。如何管理和使用禽用生物制品,强化生物安全意识,保证产品优质高效,改变以往十分混乱的状况,已成为人们关注的焦点。生物制品在家禽疾病的预防、治疗和诊断中都起着非常重要的作用,同时生物制品的安全也与食品安全密切相关,是关系到保障人类健康和社会稳定的重大问题,应引起我们的高度重视。

因此,如何保证养禽业的健康发展,合理使用各种生物制品关系重大。目前,我国家禽常用生物制品种类繁多,同种疾病可供选择的生物制品有数十种之多,但各自的性质、特点又有很大的不同,因此如何选择合适的生物制品预防家禽传染病,保证养禽业的健康发展,是广大养殖户最为关心和亟待解决的问题。

本书力求从生产实践出发,重点介绍用于家禽生产的各种生物制品的种类、特点及使用时应注意的问题,阐述在家禽的预防接种中应注意的若干问题,分析出现免疫失败的原因。在编写过程中尽量做到文字通俗易懂,简单明了,注重家禽常用生物制品使用时的实用性和可操作性,以方便广大养殖户了解和掌握相关知识,供养殖户在日常饲养和疫病防治过程中作为参考。

在本书的编写过程中,得到了许多专家和同行的大力支持和帮助,在此表示衷心的感谢。随着现代科技的迅速发展,兽用生物制品也在不断更新,虽然在编写过程中,笔者尽可能收集多种生物制品,但由于编写时间仓促,且笔者知识有限,所获信息不足,书中疏漏和错误之处在所难免,敬请广大读者批评指正。

编著者

目 录

第一章 概述 ……………………………………………… (1)
  一、我国养禽业的发展现状和趋势 ……………………… (1)
    (一)家禽养殖种类不断增多,新品种不断出现 ……… (1)
    (二)家禽养殖规模不断扩大 ……………………………… (2)
    (三)育雏时间更加机动、灵活 …………………………… (2)
  二、我国家禽疫病的流行趋势和特点 …………………… (3)
    (一)疫病种类不断增多,但仍以传染性疾病的危害
        最大 ……………………………………………………… (3)
    (二)典型性病例少见,非典型性和温和型病例增多 … (3)
    (三)细菌性传染病的危害不断加重 …………………… (4)
    (四)环境污染严重,疫病传播增加 ……………………… (5)
    (五)与遗传背景相关的疾病发生率明显上升 ………… (5)
    (六)营养代谢性疾病和中毒性疾病有增多的趋势 …… (5)
    (七)混合感染不断出现,多病联发或并发增多 ……… (6)
    (八)旧疫病的危害有所回升 …………………………… (6)
  三、生物制品对家禽各种疫病的防治作用 ……………… (7)
    (一)免疫预防 ……………………………………………… (8)
    (二)疾病诊断和免疫效果检测 ………………………… (9)
    (三)疾病治疗 ……………………………………………… (10)

第二章 家禽常用生物制品的类型 ……………………… (11)
  一、生物制品的命名原则 ………………………………… (11)
  二、按生物制品性质分类 ………………………………… (12)

(一)疫苗	(12)
(二)抗病血清	(20)
(三)卵黄抗体	(21)
(四)诊断制品	(22)
(五)微生态制剂	(23)
(六)类毒素	(24)
(七)副免疫制品	(24)

三、按生物制品制造方法和物理性状分类 (25)
  (一)普通生物制品 (25)
  (二)精制生物制品 (25)
  (三)液状制品 (25)
  (四)干燥制品 (26)
  (五)佐剂制品 (26)

第三章 家禽常用疫苗的合理使用 (28)
一、疫苗选购的总体要求 (28)
二、常用疫苗的性状、保存及运输 (31)
  (一)疫苗的性状 (31)
  (二)疫苗的保存 (31)
  (三)疫苗的运输 (33)
三、疫苗的稀释方法和使用剂量 (33)
  (一)疫苗的稀释方法 (33)
  (二)疫苗的使用剂量 (34)
四、疫苗的接种次数和间隔时间 (35)
五、疫苗的接种方法 (36)
  (一)肌内注射接种法 (36)
  (二)皮下注射接种法 (37)
  (三)刺种法 (38)
  (四)涂擦法 (38)

目 录

(五)滴鼻接种或点眼接种 ……………………… (39)
(六)浸嘴法 ………………………………………… (39)
(七)饮水免疫法 …………………………………… (40)
(八)气雾免疫法 …………………………………… (41)
(九)静脉注射法 …………………………………… (42)
(十)胚胎内免疫接种 ……………………………… (42)
六、家禽常用疫苗的种类及使用方法……………… (43)
(一)鸡新城疫疫苗 ………………………………… (43)
(二)禽流感疫苗 …………………………………… (62)
(三)传染性法氏囊病疫苗 ………………………… (72)
(四)马立克氏病疫苗 ……………………………… (78)
(五)传染性支气管炎疫苗 ………………………… (85)
(六)传染性喉气管炎疫苗 ………………………… (89)
(七)鸡痘疫苗 ……………………………………… (93)
(八)产蛋下降综合征疫苗 ………………………… (96)
(九)鸡传染性贫血疫苗 …………………………… (99)
(十)禽传染性脑脊髓炎疫苗 ……………………… (100)
(十一)病毒性关节炎疫苗 ………………………… (102)
(十二)禽霍乱疫苗 ………………………………… (105)
(十三)禽大肠杆菌病疫苗 ………………………… (108)
(十四)鸡肠炎沙门氏菌病疫苗 …………………… (110)
(十五)传染性鼻炎疫苗 …………………………… (112)
(十六)鸡支原体病疫苗 …………………………… (115)
(十七)鸡球虫病疫苗 ……………………………… (119)
(十八)鸭瘟疫苗 …………………………………… (123)
(十九)鸭病毒性肝炎疫苗 ………………………… (126)
(二十)番鸭细小病毒病疫苗 ……………………… (127)
(二十一)小鹅瘟疫苗 ……………………………… (128)

第四章 家禽常用卵黄抗体的合理使用……(132)

一、卵黄抗体的作用、应用范围及使用时的注意事项……(132)
  (一)卵黄抗体的作用……(132)
  (二)卵黄抗体的应用范围……(133)
  (三)卵黄抗体使用时的注意事项……(135)

二、卵黄抗体的制备过程……(139)
  (一)制备用鸡只的选择与管理……(139)
  (二)免疫原的选择、免疫程序和卵黄抗体的采集……(139)
  (三)卵黄抗体的检验……(140)
  (四)卵黄抗体的纯化……(140)

三、家禽常用卵黄抗体的种类及合理使用……(141)
  (一)精制卵黄抗体Ⅲ型(禽流感、传染性支气管炎二联卵黄抗体)……(141)
  (二)传染性法氏囊病和新城疫二联抗体冻干粉……(142)
  (三)精制卵黄抗体冻干粉Ⅱ型(鸭病毒性肝炎卵黄抗体)……(142)
  (四)精制卵黄抗体冻干粉(小鹅瘟、鹅副黏病毒病二联卵黄抗体)……(143)
  (五)鹅毒清(小鹅瘟、鹅副黏病毒病、鹅流感三联卵黄抗体)……(143)
  (六)传染性法氏囊病卵黄抗体……(144)
  (七)精制包被卵黄抗体……(144)
  (八)抗鸭浆膜炎卵黄抗体……(145)
  (九)鸭肝双抗(鸭病毒性肝炎、鸭瘟二联卵黄抗体)……(146)
  (十)禽肽(禽流感、传染性法氏囊病和新城疫三联卵黄抗体)……(146)
  (十一)精制鸡卵黄抗体冻干粉(H5N1和H9N2二价卵黄抗体)……(147)

目　　录

　　（十二）精制鸡卵黄抗体注射液（H5N1 和 H9N2 二
　　　　　价卵黄抗体）………………………………………（148）
　　（十三）鸭病毒性肝炎精制卵黄抗体（AV2111-30 株）
　　　　　………………………………………………………（148）
　　（十四）非特异性卵黄抗体干粉………………………………（149）
第五章　家禽常用诊断用生物制品的合理使用…………………（150）
　一、禽流感病毒 H5 亚型反转录-聚合酶链式反应检
　　　测试剂盒 ………………………………………………（150）
　二、禽流感病毒 H5 亚型血凝抑制试验抗原与阴性、
　　　阳性血清 ………………………………………………（152）
　三、鸡白痢、鸡伤寒多价染色平板抗原与阳性血清………（155）
　四、鸡败血支原体血清平板凝集试验抗原与阴性、
　　　阳性血清（Ⅱ） …………………………………………（156）
　五、禽流感病毒 H7 亚型血凝抑制试验抗原与阴性、
　　　阳性血清 ………………………………………………（156）
　六、禽流感病毒 H9 亚型血凝抑制试验抗原与阴性、
　　　阳性血清 ………………………………………………（157）
第六章　家禽常用微生态制剂的合理使用………………………（158）
　一、微生态制剂的概念、作用机制及应用范围……………（158）
　　（一）微生态制剂的概念…………………………………（158）
　　（二）微生态制剂的作用机制及应用范围………………（159）
　二、生产微生态制剂的菌种来源及选择……………………（161）
　　（一）菌种的来源…………………………………………（161）
　　（二）菌种的选择…………………………………………（162）
　三、微生态制剂的使用方法 ………………………………（164）
　　（一）微生态制剂的选择…………………………………（164）
　　（二）微生态制剂的使用时间及时机……………………（165）
　　（三）微生态制剂的添加剂量……………………………（166）

（四）微生态制剂与抗菌药物配合使用……………………(166)
（五）微生态制剂的保存……………………………………(167)
四、微生态制剂在使用中存在的问题………………………(167)
五、微生态制剂的发展趋势…………………………………(169)
六、家禽常用微生态制剂的种类及使用方法………………(170)
（一）单一菌制剂……………………………………………(170)
（二）复合菌制剂……………………………………………(173)

第七章 家禽常用非免疫制品的合理使用……………………(182)
一、酶制剂……………………………………………………(182)
（一）单一酶制剂……………………………………………(183)
（二）复合酶制剂……………………………………………(187)
二、免疫增强剂………………………………………………(187)
三、微量元素制剂……………………………………………(196)

附表一 生物制品使用过程中常用名词及解释………………(198)
附表二 商品蛋鸡参考免疫程序………………………………(200)
附表三 蛋(肉)用种鸡参考免疫程序…………………………(201)
附表四 肉鸡参考免疫程序……………………………………(203)
附表五 鸭、鹅参考免疫程序…………………………………(204)
参考文献…………………………………………………………(205)

第一章 概述

一、我国养禽业的发展现状和趋势

我国是世界上家禽饲养、生产、消费和贸易大国。根据世界粮农组织统计,2010年我国鸡肉生产量达到1250万吨,比2009年增加了40万吨,增长率为3.3%。在我国,禽肉主要包括鸡肉、鸭肉、鹅肉和其他特种禽肉,其中鸡肉是最主要的禽肉,产量约占71%。

随着国内外市场对禽类消费需求的增长,我国家禽业的增长速度较快。近年来,我国养禽业蓬勃发展,随着养禽工厂化、集约化的进程以及愈来愈激烈的市场竞争,家禽的种类不断增多,但同时禽的疾病也不断复杂化,给养禽业带来了许多新问题。掌握养禽业的发展趋势及常见禽病新的流行特点,对疫病诊断及防治具有重大意义。

(一)家禽养殖种类不断增多,新品种不断出现

早期家禽的饲养主要为鸡、鸭和鹅等,其他禽类养殖量很少。随着改革开放力度的加大,给养殖业提供了丰富的信息,养殖户可以根据自己所处的地理位置与经济技术力量,选择不同品种和品系,如七彩山鸡、广州麻鸡、鸸鹋、鹌鹑等特种养殖,在养殖业中占据了一定的比例,不但丰富了家禽的饲养品种,而且获得了良好的经济效益。

(二)家禽养殖规模不断扩大

从20世纪80年代末至90年代初,在养殖户的经验及经济实力不足的情况下,个体养殖户的规模通常为100~1 000只不等;90年代中后期,随着市场需求的增加,养殖户的养殖数量猛增,养殖规模在1 000~3 000只的极为普遍;近几年来,养殖的规模在逐渐扩大,存栏量在7万~8万只的养殖场较为多见,家禽养殖规模的扩大,大大提高了养禽业的工作效率。

随着市场对家禽产品需求的增加及养殖户资金和技术的不断成熟,许多养殖户形成了孵化、养种禽、代收商品蛋的全套饲养管理方式。从购买父母代雏禽发展到从曾祖代场直接购买祖代蛋自行孵化,这样既减少了中转环节,又有效地控制了疾病的传播蔓延,增加了家禽饲养的效益。

但同时我们也注意到,在饲养数量扩增的同时,养殖的模式特别是生物安全水平未发生根本变化。当前我国养禽业仍以2 000只以下蛋鸡和1万只以下肉鸡的小规模饲养为主,饲养量在1 000只以下的庭院养殖在全国各地普遍存在,饲养管理较为粗放。

(三)育雏时间更加机动、灵活

目前,育雏的时间并不局限于春季,因为春季育雏,成鸡的开产时间比较集中,无法满足市场需求。因此,人们开始选择不同的时间段育雏,以有效地控制鸡的开产期和市场供求。实践证实,秋、冬季育雏只要做好保温工作,不但可以减少许多疾病的发生,而且产蛋时间拉开,收效很好。很多养殖户采取1年3次育雏,每批比预留育成鸡群稍多,留下选拔、淘汰的余地,可保证较长时间的产品供应。

二、我国家禽疫病的流行趋势和特点

近年来,家禽疫病流行状况依然很严峻,甚至造成严重的经济损失,威胁着养禽业的发展。但很多疫病的发病状况和剖检变化多数表现为非典型和温和型。如新城疫、传染性法氏囊病等大都表现为病程长、发病率和死亡率低、症状表现轻微等特点。临床诊断时很难通过眼观确定疾病种类,需要进行流行病学调查、免疫状况检查、抗体检测等多项检查后,做出综合分析,才能确诊,从而增加了确诊疫病的难度。

(一)疫病种类不断增多,但仍以传染性疾病的危害最大

我国家禽业一直在蓬勃发展,但越来越多的禽病仍困扰着养禽业的健康发展。近10年来,几乎每年都有新的禽病出现,加上原来已知的禽病,其种类已达近百种,而20世纪80年代仅有30多种。这些疾病中造成损失最大的是家禽传染病,占禽病种类的75%左右。

这既与饲养方式改变、饲养品种多样、国外疾病传入等因素有关,也与禽病科学的进步、诊断水平的提高等相关。虽然禽病的发病种类及疾病的表现形式增多,但仍以传统疾病尤其是病毒性传染病为主。全球范围内新出现的细菌病是淀粉样关节病和鼻气管炎鸟杆菌感染。

(二)典型性病例少见,非典型性和温和型病例增多

随着科学养殖及禽病防治知识的逐渐普及,养禽场以及养禽场的管理者、技术人员和饲养员对禽病防治知识都有不同程度的了解,注意各种疫苗的接种和药物预防,这对控制一些传染病的发生和流行起了积极的作用。

在疫病的流行过程中,由于多种因素的影响,病原的毒力常发生变化,出现了亚型株且变异速度明显变快。新毒株或变异株的出现、耐药菌株增多、免疫抑制等多种原因,导致免疫失败和药物预防效果差或无效的情况时有发生。

疫病的发生多以非典型的形式出现。例如,非典型新城疫的发生仍呈现大范围散发和地方性流行,主要发生于15～30日龄雏鸡(特别是商品肉鸡)和产蛋鸡(主要是产蛋开始至产蛋高峰期)。目前,国内主要存在3种类型的毒株,经典强毒株(与疫苗株 La Sota 相关)、重组毒株(可发生在多个基因)、变异毒株(为当前生产中主要流行毒株)。又如,家禽的传染性支气管炎,以往该病主要是呼吸型,20世纪90年代出现了嗜肾脏型,近年来又出现了腺胃型,使得疫苗的研制变得越来越困难,如果免疫预防用的疫苗与当地流行株血清型不符,常会导致免疫失败。

传染性法氏囊病最早在3～4日龄发生,也有在130日龄左右发生,前者还没有来得及免疫,后者法氏囊已退化,给治疗带来了很大的不便。又如鸡痘,一般首次免疫的日龄为30天或60天,但雏鸡7日龄可能发病,整个产蛋期也会发病,而且发病月份也明显增加,由原来的8～10月份扩大至现在的7～11月份。

此外,传染性法氏囊病毒和马立克氏病病毒都出现了超强毒株的报道。对于控制超强毒株,除提高和改进疫苗质量外,还应着重考虑减少病毒造成的环境污染、加强卫生消毒等措施。

(三)细菌性传染病的危害不断加重

由于细菌性传染病可以采用抗菌药物进行有效的治疗,因此人们往往忽视细菌性传染病的危害。同时,由于滥用药物、盲目用药的现象普遍存在,致使多种病原菌都出现了耐药菌株,细菌耐药性严重,如禽多杀性巴氏杆菌、沙门氏杆菌和鸭疫巴氏杆菌、支原体等病原菌都有耐药菌株的出现,且耐药谱不断扩大,通常对数种甚至10多种常用药物有不同程度的耐药性,结果是一旦发生疾病,就很难根治,或者反复发生,造成严重的经济损失。

此外,一些被人们认为是条件性病原的大肠杆菌和金黄色葡萄球菌等,几乎在所有的禽场都致病,涉及多种家禽,其危害性在某些地区甚至超过了常见的病毒性传染病。

(四)环境污染严重,疫病传播增加

我国家禽饲养环境受病原微生物污染严重,同时消毒制度不健全、隔离不严、养殖条件简陋、饲养密度过大、环境消毒不彻底等都是导致发病的直接原因。另外,病死家禽处理不当、没有进行无害化处理、随便丢弃等,使病原进一步扩散,从而造成周边环境的污染。由于环境污染,增加了疫病的传播机会和耐药菌株的产生,制约着我国养禽业的健康发展。

(五)与遗传背景相关的疾病发生率明显上升

近10年来,家禽育种工作取得了较大的进步,明显地缩短了肉仔鸡的饲养期,增加了出栏体重,经济效益明显。但由于在育种中只偏重于生长性能的选育,而对其他生理指标没有加以改进和加强,以至于其生理功能难以适应快速生长所需要的物质代谢,结果导致腹水综合征、猝死症等疾病的发生。这类疾病自20世纪80年代以来,特别是近几年来,其发生率呈明显上升的趋势,已成为一种世界性危害的禽病。

(六)营养代谢性疾病和中毒性疾病有增多的趋势

家禽生产的工厂化是现代养禽业的一个突出特点,家禽生长发育、繁殖等所需要的一切条件都处在人工的控制之下。但目前的配合饲料从营养水平而言,还难以达到合理的营养平衡。特别是中、低档饲料的配比更是如此,与完全理想的平衡日粮还有相当

大的距离。因此,各类营养素缺乏病常有发生,特别是在近几年来饲料原料价格不断上涨、劣质饲料充斥市场的情况下,这类疾病的发生率有较明显的上升。

此外,由于饲料存贮不当,或用发霉变质的饲料饲喂家禽,或长期给家禽食用药物都会导致家禽中毒。中毒性疾病包括真菌及其毒素、细菌毒素、农药、食盐、氨及重金属等引起的中毒,也包括由于用药不当引起的药物中毒。

(七)混合感染不断出现,多病联发或并发增多

在生产实际中家禽的养殖密度大,加之环境消毒不严、预防措施不力等多种原因,常会导致2种或2种以上的病原同时感染、继发感染或混合感染,病情错综复杂,也给治疗带来了一定的困难。例如,多种病毒病同时感染,如新城疫和传染性支气管炎混合感染;多种细菌病同时并发,如大肠杆菌病和支原体病并发;也有病毒和细菌混合感染,如传染性支气管炎和大肠杆菌病混合感染;还有病毒病和寄生虫病同时发生,如新城疫和球虫病同时发生;有细菌和寄生虫病同时发生,如大肠杆菌病和球虫病同时发生;也有遗传因素和饲养管理造成的多种疾病的联发,如呼吸系统综合征。多病原混合感染十分多见,接种某种单一的疫苗免疫效果很不理想。一些疾病常会导致免疫抑制,使家禽的抵抗力明显降低,感染其他疾病的概率明显增加,如马立克氏病、传染性法氏囊病、白血病以及网状内皮组织增生症等都可引起家禽的免疫抑制。

(八)旧疫病的危害有所回升

随着养禽业的迅速发展,许多新病不断出现,阻碍了养禽业的发展。但有些历史久远的老病近年来的发病率也有增加的趋势,如禽流感、支原体病、禽丹毒、坏死性肠炎、衣原体病、组织滴虫病、鼻气管炎鸟杆菌引起的呼吸道疾病等近年来引起的经济损失也不

容忽视。

由于家禽疫病的发生,集约化养殖是家禽养殖的必然趋势。我国正在进行养殖方式的改革,我国禽蛋的产量占世界总量的43%,其中很大一部分是规模化养殖场生产的,最大的蛋鸡场达到300万只蛋鸡的水平。最大的肉禽企业也达到了年出栏量5亿多只的水平。但全部变成规模化养殖还需要漫长的过程,在大力推进规模化养殖的同时,还应采取多种优惠措施,鼓励农民进行规模化养殖的改革。

疾病控制是养禽业的一大挑战,只有连续不断地施行预防措施,才能把感染造成的损失降至最低。当一种新病发生或一种老病重新出现时,首先要评估该疾病对经济的影响,以确定是否需要采取新的控制措施或制造新的疫苗。如果不全面提高管理水平和生物安全措施,单纯的治疗或免疫预防收效甚微。生物安全措施是最便宜、最有效的疾病控制措施。因此,应努力开发有效的疫苗,防治家禽疫病。

三、生物制品对家禽各种疫病的防治作用

生物制品业随着免疫学理论及其相关技术的发展与突破,不断得到发展和提高。早期利用传统疫苗产品,并结合其他综合防治措施,某些禽类传染病已在一些国家被消灭。近年来,随着基因工程、细胞工程、发酵工程和酶工程等现代生物技术的广泛应用,大大拓宽了传统疫苗及非特异性免疫的概念。传统疫苗由单价向多价、单用灭活疫苗或活苗向多种或多型(价)的联合疫苗转化;全菌体疫苗向纯化亚单位疫苗和提纯浓缩高效价疫苗过渡;寄生虫疫苗也得到长足发展。同时,由于诊断、监测和检疫的需要,配套的生物制品试剂盒已在生产中广泛应用,大大提高了动物疫病的检出率。另外,灭活技术、冻干技术和实验动物标准化、实施良好

的生产规范也得到了发展。

生物制品对禽病的防治作用主要体现在 3 个方面,即免疫预防、疾病诊断和治疗。生物制品是防治家禽疫病的主要手段之一,也是保障人和家禽健康的必要条件。

(一) 免疫预防

兽医生物制品是防治家禽疫病的主要手段之一,也是保障家禽健康的必要条件。疫苗的免疫接种是激发家禽机体产生特异性抵抗力,使易感家禽转化为不易感家禽的一种手段。有组织、有计划地进行免疫接种,是预防和控制家禽传染病的重要措施之一,很多危害严重的禽类传染性疾病,都是借助生物制品控制或消灭的。例如,禽的新城疫是极易传染的一种高度致死性疫病,自 1926 年发现新城疫以来,已广泛流行于世界许多国家。近年来,在一些发达国家该病基本被消灭或控制,然而在另外一些国家,特别是发展中国家,新城疫的发生与流行仍然很严重,影响着养禽业的发展。我国的经验证明,采取综合性防治措施,施行合理的免疫接种,是预防新城疫的重要手段。因此,在预防新城疫中,切不可低估疫苗的重要作用。

根据进行免疫接种的时机不同,可分为预防接种和紧急接种 2 类。

1. 预防接种 在经常发生某些传染病的地区,或有某些传染病潜在的地区,或受到邻近地区某些传染病经常威胁的地区,为了防患于未然,在平时有计划地给健康禽群进行的免疫接种称为预防接种。

为了做到预防接种有的放矢,应对当地各种传染病的发生和流行情况进行调查了解,弄清楚过去经常发生哪些传染病,在什么季节流行。针对所掌握的情况,制定每年的预防接种计划。接种后经一定时间(约 3 周),可获得数月乃至 1 年的保护。目前,预防接种已经成为保障家禽养殖业健康生产的重要保障。

2. 紧急接种 是在发生传染病时,为了迅速控制和扑灭疫病的流行,而对疫区和受威胁区尚未发病的禽群进行的应急性免疫接种。

从理论上说,紧急接种使用免疫血清最为安全有效。但因为免疫血清用量大、价格高、免疫期短,且在大批禽群接种时往往供不应求,因此免疫血清在实践中的应用受到一定的限制。多年来的实践证明,在疫区内使用某些疫苗进行紧急接种是切实可行的。尽管紧急接种,有时可能会加速一些危重病例的死亡,但能及时挽救未感染的大多数家禽,是非常值得的。在生产实践中还发现,对感染发病初期的家禽,紧急接种还有一定的治疗作用。

一些急性传染病发生时,应用疫苗做紧急接种,可取得较好的效果。但有些病原体在不同流行时期,其致病力和抗原性会发生改变,可能会导致以往的疫苗免疫效果不理想,因此有必要不断研究和开发新的有效疫苗。

生物制品一方面可用于有效防治家禽疫病,另一方面若使用不当,则会成为传播病原体的媒介。有些疫苗本身就是很多病原微生物的优良培养基,如鸡胚尿囊液和细胞培养液等,如果这些培养液本身已经受到病原微生物的污染,那么用这些培养基制备的疫苗对使用家禽来说就是传染源。不少生产事故已经给我们敲响了警钟,促使我们日益重视兽医生物制品的管理工作和质量规范。

(二)疾病诊断和免疫效果检测

免疫预防接种已经成为传染病防治过程中的必要措施,为使免疫接种适时、有效,必须加强免疫监测。了解家禽群体的免疫水平及母源抗体水平,根据群体抗体水平确定适宜的免疫程序,准确、及时地接种疫苗,提高免疫预防的效果,避免盲目接种造成的免疫失败。

家禽传染病侵害的对象是群体,一旦发病,能否及时做出准确的诊断是非常重要的,特别是对某些流行快、致死性强的重要传染病。只有做出准确的诊断,才能采取有针对性的应急措施,最大限度降低损失。禽类疫病诊断水平的高低是衡量一个国家兽医水平的标志。

检疫作为防疫的重要内容和预防、控制、扑灭家禽疫病的重要手段,需要严格的监督和管理。此外,加强引种检疫,严禁从疫区国家和地区引入禽类及相应产品,是有效防止外来疫病侵入的重要手段。随着免疫技术和生物技术的不断进步,很多疾病诊断试剂盒已经被研发和应用,从而使疾病监测和诊断更加准确、快速和便捷。

如鸡毒支原体聚合酶链式反应技术(PCR)诊断试剂盒、鸡传染性法氏囊病诊断试剂盒等已经在很多国家普遍使用,通过监测免疫家禽抗体水平,为制定免疫程序提供了科学的依据。我国研制的鸡副伤寒玻片凝集抗原也已得到广泛使用。单克隆抗体的研制成功为很多家禽疫病的诊断提供了更方便、更快捷的诊断方法。

(三)疾病治疗

生物制品不仅可以用于疾病的预防和诊断,同时有些生物制品还可用于治疗家禽疾病。如有些家禽传染病的高免血清、痊愈血清和卵黄抗体等生物制品能帮助机体杀死、抑制或清除病原体的致病作用,因此成为治疗家禽疫病、减少经济损失的重要手段。高免血清、卵黄抗体具有特异性高、起效快的特点,通常在正确诊断的基础上,只要尽早使用都能收到较好的疗效。

目前,生物制品是预防家禽疾病的主要武器,随着科学技术的发展,许多新型疫苗相继问世,但传统疫苗仍然在疫病防治中占重要地位,不管是传统疫苗还是新型疫苗,都有其本身的缺点,因此我们有必要进一步加大研制力度,提高生物制品的质量。

第二章 家禽常用生物制品的类型

禽用生物制品是指以天然或人工改造的微生物、寄生虫、生物毒素或者生物组织及其代谢产物以及禽类的血液与组织液等生物材料为原料,通过生物学、分子生物学或者生物化学、生物工程学等相应技术制成的,用于预防、治疗、诊断禽类疫病或改变家禽生产性能的生物制剂。

一、生物制品的命名原则

许多生物制品的生产厂家为了使本场的产品容易被广大养殖户识别和记忆,给产品取的名字都非常醒目,但无论用什么样的称呼,所有生物制品都应该有一个科学通用的名称。根据中华人民共和国《兽用新生物制品管理办法》规定,生物制品的命名原则有10条,根据这些原则每种生物制品都应该有一个明确的大名,我们在购买生物制品时,也可以通过辨识该产品有无正规的产品名称来确定产品质量的优劣。生物制品的命名原则为:①以明确、简练、科学为基本原则。②不采用商品名或代号。③名称一般采用"动物种名+病名+制品名称"的形式。④共患病一般可不列出动物种名,如气肿疽灭活疫苗、狂犬病灭活疫苗。⑤由特定细菌、病毒、立克次体、螺旋体、支原体等微生物以及寄生虫制成的主动免疫制品,一律称为疫苗,如牛瘟活疫苗、仔猪副伤寒活疫苗。⑥凡将特定细菌、病毒等微生物及寄生虫毒力致弱或采用异源毒制成的疫苗,称为活疫苗,如禽传染性脑脊髓炎弱毒活疫苗;用物理或化学方法将其灭活后制成的疫苗,称为灭活疫苗,如鸡传染性贫血灭活疫苗。⑦同一种类而不同毒(菌、虫)株(系)制成的疫苗,可在全称后加括号注明毒(菌、虫)株(系),如猪丹毒活疫苗(GC42 株)、猪丹毒活疫苗(G4T10 株)。⑧由 2 种以上的病原体制成的一种疫苗,命名采用"动物种名+若干病名+×联苗"的形式,如禽呼肠孤、传染性法氏囊病、新城疫三联灭活苗,新城疫、传染性支气管炎、传染性法氏囊病、产蛋下降综合征四联灭活苗。⑨由 2 种以上血清型制备的一种疫苗,命名采用"动物种名+病名+若干型名+×价疫苗"的形式,如口蹄疫 O 型、A 型双价活疫苗。⑩制品的制造方法、剂型、灭活剂、佐剂一般不标明,但为区别已有的制品,可以标明。个别生物制品由于历史原因,可以用发明人的名字来命名,如卡介苗。

二、按生物制品性质分类

生物制品由于微生物种类、制备方法、菌(毒)株性状及应用对象等不同而品种繁多,按其性质、用途和制备方法等可分为疫苗、类毒素、诊断制品、抗血清、微生态制剂和副免疫制品,其中在防疫动物疫病中发挥重要作用的生物制品是疫苗。

(一)疫 苗

由病原微生物、寄生虫以及其组分或代谢产物所制成的,用于人工自动免疫的生物制品称为疫苗。给动物接种,刺激动物机体产生免疫应答,抵抗特定病原微生物(或寄生虫)的感染,从而达到预防疾病的目的。

生物疫苗是一种特殊类型的药物,作为免疫学经验理论和生物技术共同发展而产生的生物制品,从防患于未然的角度消除了众多传染病对动物生命的威胁,促进了养殖业的健康发展,保证了人体健康。疫苗与一般药物具有明显的不同,主要区别在于一般药物主要用于患病动物,而疫苗主要用于健康动物;一般药物主要用于治疗疾病或减轻动物的症状,而疫苗主要通过免疫机制使健康动物预防疾病;一般药物包括天然药物、化学合成药物、生化药品等不同类型,而疫苗均为生物制品。

已有的疫苗概括起来分为活疫苗、灭活疫苗、代谢产物和亚单位疫苗以及生物技术疫苗。其中,生物技术疫苗又分为基因工程亚单位疫苗、合成肽疫苗、抗独特型疫苗、基因工程活疫苗、DNA疫苗。

1. 活疫苗 活疫苗可分为强毒疫苗、弱毒疫苗和异源疫苗3种。

(1)**强毒疫苗** 是最早使用的疫苗种类,如我国古代民间预防天花所使用的痂皮粉末就含有强毒。使用强毒对动物进行免疫存在较大危险,因为免疫过程就是散毒过程,所以现代生产中已经严格禁止生产和使用。

(2)**弱毒疫苗** 是目前最广泛使用的疫苗,是通过人工诱变获得的弱毒株或者是筛选的自然减弱的天然弱毒株或者失去毒力的无毒株,扩大培养后制成的疫苗。制作弱毒疫苗的病原微生物必须是毒力减弱且稳定的毒株,对被注射的动物不导致发病或发病较弱,不产生剧烈的不良反应,并且具有较好的免疫原性,使被注射动物在短期内产生能够抵抗该种病原微生物所引起的感染的能力,并能保持一段时间,如新城疫疫苗是由弱毒疫苗株或中等弱毒疫苗株通过鸡胚接种收获尿囊液、胎儿混合研碎而制成。

弱毒疫苗的优点是能在动物体内有一定程度的增殖,免疫剂量小,免疫保护期长,不需要使用佐剂,应用成本低。缺点是弱毒疫苗有散毒的可能或有一定的组织反应,难以制成联苗,运输条件要求高,多制成冻干苗。

(3)**异源疫苗** 该种疫苗有 2 种,一种是用不同种微生物制备的疫苗,接种动物后能使其获得对疫苗中不含有的病原体产生抵抗力,如火鸡疱疹病毒免疫鸡后能够防治马立克氏病。另一种是用同一种微生物中不同种型(生物型或动物源)种毒制备的疫苗,接种动物后能使其获得对异型病原体的抵抗力。例如,接种猪型布鲁氏菌病弱毒疫苗后能使牛获得对牛型布鲁氏菌的免疫力。

2. 灭活疫苗(也称死疫苗) 用物理或化学的方法将细菌或病毒等病原微生物杀死,但保留其抗原性,而制成的疫苗。灭活疫苗的优点是研制周期短,使用安全,易于保存和运输,容易制成联苗或多价苗;缺点是不能在动物体内繁殖,使用剂量大,免疫保护期短,通常需要加入佐剂以增强免疫效果,常需多次免疫动物且只能注射免疫。

按照菌种或毒种来源的不同,灭活疫苗又分为一般灭活疫苗和自家灭活疫苗。

(1)一般灭活疫苗 菌、毒种通常应该是标准强毒或免疫原性优良的弱毒株,经大量培养后,灭活制成。

(2)自家灭活疫苗 是从患病动物自身病灶中分离出来的病原体经培养、灭活后制成的疫苗,再用于该动物本身。这种疫苗可以用于治疗慢性、反复发作且用抗菌药物治疗无效的细菌性或病毒性疾病,如顽固性葡萄球菌感染症。有些养殖场常年感染某些细菌,但因长期采用饲料中添加抗菌药物的做法,导致体内细菌已经产生了较强的耐药性,此时可以采取制备自家灭活疫苗,用来有效预防该细菌引起的传染病。

灭活疫苗因为其中的病原微生物已经被杀死,因此其不能在动物机体内增殖,相对活疫苗而言比较安全,不会发生全身性副作用,不会出现毒力返祖现象;可以制备成多价或多联等混合疫苗;制品性质稳定,受外界环境影响较少,便于运输保存。但这类疫苗免疫剂量比活疫苗要多,生产成本高,并且需要多次免疫(通常为2次,初次免疫和加强免疫,有的甚至需要3次免疫)才能获得较好的免疫效果,如猪的流感病毒灭活疫苗和细小病毒灭活疫苗等。

无论是活疫苗还是灭活疫苗,根据微生物种类不同,又可分为细菌性疫苗和病毒性疫苗。由细菌、支原体和螺旋体制成的疫苗过去称为菌苗,由病毒或立克次体制成的疫苗称为疫苗。近年来,科学界普遍倾向将它们统称为疫苗。为了方便说明,我们分别称之为细菌性疫苗和病毒性疫苗。

3. 代谢产物疫苗 是利用细菌的代谢产物如毒素、酶等制成的疫苗。破伤风毒素、白喉毒素、肉毒毒素经甲醛灭活后制成的类毒素具有良好的免疫原性,可作为主动免疫制剂。另外,致病性大肠杆菌毒素、多杀性巴氏杆菌的攻击素和链球菌的扩散因子等都可用于制备代谢产物疫苗。

4. 亚单位疫苗 利用微生物的1种或几种亚单位或亚结构制成的疫苗称为微生物亚单位疫苗或亚结构疫苗。利用微生物的某些化学成分制成的疫苗又称为化学疫苗。这类疫苗的优势是不携带病原微生物的遗传信息,免疫动物可使动物产生对感染微生物的免疫抵抗作用,还可以避免全微生物苗的一些副作用,保证了疫苗的安全性,如大肠杆菌菌毛疫苗就属于此类疫苗。亚单位疫苗的不足之处是制备困难,价格昂贵。

5. 生物技术疫苗 近年来,由于科研技术的不断发展,生物制品的研制也在不断加快,出现了生物技术疫苗,包括基因工程疫苗、基因工程亚单位疫苗、基因工程活载体疫苗、基因缺失疫苗、合成肽疫苗、抗独特性疫苗、基因工程活疫苗以及DNA疫苗等。

(1)基因工程亚单位 用DNA重组技术,将编码病原微生物保护性抗原的基因导入受体菌或细胞,使其在受体菌或细胞中高效表达,分泌保护性抗原肽链。提取保护性抗原肽链,加入佐剂即制成基因工程亚单位疫苗。预防仔猪和犊牛腹泻的大肠杆菌基因工程疫苗就是一个成功的例子。

(2)合成肽疫苗 是用化学方法人工合成病原微生物的保护性多肽,并将其连接到大分子载体上,再加入佐剂制成疫苗。合成肽疫苗的优点是可在同一载体上连接多种保护性肽链或多个血清型的保护性抗原肽链,这样只要一次免疫就可预防几种传染病或几个血清型疫病。合成肽苗中不含核酸,绝对安全,生产、保存和运输都很方便。但合成肽免疫原性一般较弱,而且只能具有线性构型,同时合成肽分子量小,免疫原性比完整蛋白或灭活病毒弱得多,常需交联载体(如脂质体)及佐剂(如胞壁酰二肽)才能诱导有效的免疫应答。

(3)抗独特型疫苗　抗独特型疫苗是免疫调节网络学说发展到新阶段的产物。抗独特型疫苗可以模拟抗原物质,可刺激机体产生与抗原特异型抗体具有同等免疫效应的抗体,由此制成的疫苗称抗独特型疫苗或内影像疫苗。抗独特型疫苗不仅能诱导体液免疫,亦能诱导细胞免疫,并不受主要组织相容性复合体(MHC)的限制,而且具有广谱性,即对发生抗原性变异的病原能提供良好的保护力,但制备技术要求难,成本高。

(4)基因疫苗(DNA疫苗)　是将编码某种抗原蛋白的基因置于真核表达元件的控制之下,构成重组质粒DNA,重组的DNA可直接注射到动物机体内,通过宿主细胞的转录翻译系统合成抗原蛋白,从而诱导宿主产生对该抗原蛋白的免疫应答,以达到预防和治疗疾病的目的;既可刺激机体产生体液免疫,也可激发机体的细胞免疫。

(5)基因缺失疫苗　是用基因工程技术切去病毒基因组编码致病物质(致病基因)的某一片段核苷酸序列,使该微生物致病力丧失,但仍保持其免疫原性及复制能力,这种基因缺失株比较稳定,不易发生返祖现象,其免疫接种与强毒感染相似,机体可对病毒的多种抗原产生免疫应答,免疫力坚实,尤其适用于局部接种,诱导产生黏膜免疫力,因而是较理想的疫苗。目前已经有很多基因缺失苗研制成功,如霍乱弧菌A亚基基因中切除94%的AI基因的缺失变异株,获得无毒的活菌苗。另外,将某些动物疱疹病毒的TK基因切除,使病毒毒力下降,但不影响病毒复制及其免疫原性,可制成基因缺失疫苗。

(6)重组活载体疫苗　是应用无病原性或弱毒疫苗株病毒和细菌(如火鸡疱疹病毒、禽痘病毒、腺病毒等)作为载体,插入外源性基因而构成,可以制成多价苗或联苗。国外已经成功研制了以腺病毒为载体的乙肝疫苗和以疱疹病毒为载体的新城疫疫苗。

(7)非复制性疫苗　又称活死疫苗,与重组活载体疫苗类似,但载体病毒接种后只产生顿挫感染,不能完成复制过程,无排毒的隐患,同时又可表达目的抗原,产生有效的免疫保护。例如,用金丝猴痘病毒为载体,表达新城疫病毒 HF 基因,用于预防鸡的新城疫。

(8)转基因植物口服疫苗　将编码病原微生物有效蛋白抗原的基因与适当的能促使该基因活性的启动子一同植入植物(如番茄、黄瓜、马铃薯、烟草、香蕉等)的基因组中,使重组的外源蛋白在该植物的可食用部分稳定地表达和积累。该植物根、茎、叶和果实出现大量特异性免疫原,经食用即完成一次预防接种。将这种供食用的转基因植物,称为转基因植物口服可饲疫苗。由于转基因植物能保留天然免疫原形式,模拟自然感染方式接种,故能有效地激发体液和细胞免疫应答。另外,转基因植物替代昂贵的重组细胞培养,避开了复杂的纯化蛋白抗原过程,可降低成本,生产大量免疫原,加上该疫苗使用方便,有其独特的优势。

虽然转基因植物疫苗的研制已取得了一定成绩,但尚处于起步阶段,离实际应用还有很大距离。转基因植物疫苗有很好的发展前景,无论是病毒抗原,还是细菌抗原,肠道病原还是非肠道病原都可制成转基因植物疫苗,对于黏膜免疫系统作用机制的深入了解将有助于植物转基因口服疫苗的研究和应用。

6. 寄生虫疫苗　由于寄生虫大多有复杂的生活史,同时虫体抗原又极其复杂,且有高度多变性,目前为止尚无理想的寄生虫疫苗。

尽管目前有许多种生物技术疫苗,但现场中应用较多的仍然是常规的传统疫苗,即灭活疫苗和弱毒疫苗两种,如禽的球虫痘苗就是典型的灭活疫苗。

此外,按疫苗抗原种类和数量的不同,疫苗又可分为单价疫苗、多价疫苗和多联(混合)疫苗。

7. 单价疫苗 即利用一种微生物(细菌、病毒或寄生虫)或同种微生物的单一血清型的培养物制备的疫苗。如新城疫Ⅰ系疫苗、传染性支气管炎H_{120}弱毒疫苗、鸡马立克氏病疫苗等。

单价疫苗对于单一血清型微生物所致的疫病具有免疫保护作用,但如果所发生的疫病有多个血清型时,单价疫苗则只对相应的血清型有保护作用,而不能使免疫动物获得完全的免疫保护。如禽霍乱是严重危害养禽业发展的一种家禽急性传染病。一些学者用不同血清型菌株制成疫苗进行交互免疫试验,结果发现用不同血清型菌株制备的灭活疫苗不能产生交互免疫。所以,在制造多杀性巴氏杆菌灭活疫苗时,应选用与流行的病原菌为同一血清型的菌株作为生产菌株,或用多个血清型制备疫苗,才能获得较好的免疫效果。

8. 多价疫苗 是用同一种微生物(细菌、病毒或寄生虫)中若干血清型的增殖培养物制备的疫苗。多价疫苗能使免疫动物获得完全的保护力,且可在不同地区使用。如口蹄疫A型、O型鼠化弱毒疫苗可以用于A型口蹄疫流行地区,也同样可以用在O型血清型流行的地区。

9. 混合疫苗 也称多联疫苗。是用2种或2种以上的不同微生物培养物,按照免疫学原理、方法组合制备而成的疫苗。接种动物后,能产生对相应疾病的免疫保护作用,从而减少接种次数。免疫效果确实,是一针预防多种疾病的生物制剂,使用方便。根据组合的微生物多少,有二联疫苗、三联疫苗和多联疫苗之分,如禽流感、新城疫重组二联疫苗和鸡新城疫、鸡传染性支气管炎、传染

第二章　家禽常用生物制品的类型

性法氏囊病、产蛋下降综合征四联灭活苗等。

将多种疫苗联合使用,既能简化免疫程序,又能节约人力、物力,减少接种次数和免疫反应。细菌性疫苗、病毒性疫苗、类毒素之间都可以进行联合。但联合疫苗的主要问题是有时存在免疫干扰,当混合抗原比例适当时它们之间可以相互增强,即产生佐剂效应;而当抗原配比不适当时,可能发生免疫干扰,强者抑制弱者。另外,接受联合免疫的家禽如果对制剂中某一抗原已具有相当免疫力,在联合免疫时该抗原的免疫应答可能干扰其他抗原的免疫应答。因此,联合疫苗免疫时需考虑抗原的混合比例、免疫方法和机体的免疫状态等多方面因素。

在生产实践中,针对市场上名目繁多的疫苗,如何选择适合本养殖场的疫苗还要考虑众多因素,包括该病是当地第一次流行还是以往已经发生过,是多种疾病混合感染还是单一感染,动物的健康状况如何,养殖场的环境卫生和技术手段如何等,以做出综合评价。

活疫苗可以在免疫禽类体内繁殖,能持续不断地刺激机体,产生系统免疫反应和局部免疫反应;免疫力持久,通常注射一针就能获得足够的免疫力,有利于清除野毒;制备时产量高,生产成本低。但活疫苗也同样存在缺点,这类疫苗在自然界动物群体内可持续传递,可能会出现毒力返强的危险。如有些活疫苗,经多年的连续使用,弱毒株可能随着在易感家禽体内的连续传代,导致细菌(病毒)株毒力增强,变成了强毒株,这时再给家禽接种该疫苗,不但不能起到免疫预防的作用,反而会导致动物疫病直接传播,此外也有散毒的危险。

如果某一地区从未发生过该病,若想给家禽接种疫苗,则不应该选择弱毒疫苗;如果选择弱毒疫苗,那么家禽体内存留的弱毒有可能随着家禽的分泌物和排泄物排到外界,造成原本无此种疫病的地区也遭到了污染。因此,最好选择灭活疫苗,没有散毒的危险,相对较为安全。弱毒疫苗的抗原可在家禽体内繁殖,因此会出现不同抗原的干扰现象,在给家禽接种多个弱毒疫苗时,最好不要同时接种,要隔开一段时间,尽量减少不同疫苗之间的干扰,以获得较好的免疫效果。弱毒疫苗因为抗原物质是活的病原微生物,因此要求在低温、冷暗条件下运输和贮存。如果温度过高,则会导致病原微生物的数量减少,免疫动物时,不能引发足够强的免疫应答,可能导致免疫失败。

单价疫苗与多价疫苗也是各有优缺点,单价疫苗成分单一,不会出现干扰现象,且免疫剂量容易保证,免疫效果较为确实。多价疫苗(联合疫苗)的优点是一针可以预防多种疾病,可简化免疫程序,减少因免疫接种造成的动物的应激。但如果抗原配比不合适,则会出现多种抗原互相干扰的情况,从而影响免疫接种的效果,且很难确保每种抗原的免疫接种剂量。因此,在某种疫病正在流行地区或受威胁区进行免疫时,应首先考虑单价疫苗,以期获得确实的免疫效果。

(二)抗病血清

抗病血清也称免疫血清、高免血清或抗血清,是一种含有高效价特异性抗体的动物血清,用于治疗或紧急预防相应病原体所致疾病,又称为被动免疫制品。通常使用某种疫苗或病原微生物对动物进行反复多次注射,会使动物不断产生免疫应答,在血清中含有大量对应的特异性抗体,采集被接种动物的血液提取血清,经过特殊处理就制成了抗病血清,如猪瘟血清。给感染某种传染病的畜群注射该病抗病血清,可以立即发挥抗病作用。但此种免疫持续期较短,因此在注射免疫血清之后3~4周,应再接种相应疫苗,以保证免疫效果。

根据制备抗病血清所用抗原物质的不同分为抗菌血清、抗病毒血清和抗毒素血清3种。

第二章　家禽常用生物制品的类型

1. 抗菌血清　用细菌免疫异源动物所取得的血清,如大肠杆菌抗血清。

2. 抗病毒血清　用病毒免疫异源动物所取得的血清,如抗鸭瘟血清。

3. 抗毒素血清　用细菌类毒素或毒素免疫异源动物所取得的血清,如抗肉毒梭菌毒素血清。

根据制备抗病血清所用动物的不同分为同源抗病血清和异源抗病血清。用同种动物生产的血清称为同源抗病血清,用异种动物生产的血清称为异源抗病血清。

制备抗菌和抗毒素血清多用异种动物,通常用马、牛等大动物制备。抗病毒血清的制备多采用同种动物,如抗猪瘟血清的制备,多用猪进行制备。总体而言,制备抗血清用马较多,因为马的血清渗出率较高,外观颜色较好。为避免接种免疫血清的动物发生过敏反应或血清病,可使用多种动物制备一种抗病血清。

(三)卵黄抗体

给产蛋鸡注射病原微生物,即可由其生产的蛋黄中提取相应的抗体,并可用于相应疾病的预防和治疗,这类制剂称为卵黄抗体。

卵黄抗体是从免疫禽蛋中提取出的针对特定抗原的抗体,是一种具有较强免疫功能的蛋白质,多为 IgG。禽类免疫后在其卵黄中产生的大量高纯度 IgG,对某些禽类疫病具有明显的治疗和紧急预防作用。

卵黄抗体的性质与哺乳动物的 IgG 相似。正常鸡 IgY 的分子量约为 180 千道尔顿,由 2 条轻链(2L)和 2 条重链(2H)组成,分子量分别为 60~70 千道尔顿和 22~30 千道尔顿。与一般哺乳动物 IgG 相比,卵黄抗体具有较强的耐热、耐酸、抗离子强度和一定的抗酶降解能力。卵黄抗体制剂在 4℃ 条件下贮存 5 年或在室温下贮存6个月,其活性仍无明显变化或下降。

(四)诊断制品

用于诊断疾病、群体检疫、监测免疫状态和鉴定病原微生物等的一类生物制剂,包括两大类:一类为诊断抗原,另一类为诊断抗体(血清)。诊断抗原又分为变态反应性抗原和血清反应性抗原。变态反应性抗原,如检查结核感染的结核菌素。血清反应抗原占诊断液的绝大多数,如鸡白痢多价凝集试验抗原等。

诊断血清是利用体外抗原抗体反应来诊断疾病或鉴别微生物的生物制剂,一般是用抗原免疫羊、兔或其他动物制成。

目前,我国兽医工作者常用的有炭疽沉淀素血清、魏氏梭菌血清、大肠杆菌和沙门氏菌的因子血清等。随着免疫化学和实验技术的发展,标记抗体、酶标抗体、单克隆抗体等新产品不断被研制出来,这些生物制品的使用大大提高了家禽疾病诊断的准确率。随着现代科学技术的发展,人们将会研制出更多方便、快捷、敏感的诊断试剂,提高家禽疾病的检出率。例如,目前市面上有很多禽病诊断试剂盒,如禽流感快速诊断试剂盒、新城疫酶联免疫吸附试验(ELISA)试剂盒、传染性支气管炎酶联免疫吸附试验试剂盒、传染性法氏囊病诊断试剂盒等。但许多试剂盒需要专业人员才能进行操作,检测样品要求是血清,这就需要一定的专业知识和技术。希望随着技术的不断发展,有望研制出更多家禽疫病的检测试纸条,操作简单、结果迅速、准确。

诊断制品大体分为下列几类:①凝集试验用抗原与阴性和阳性血清;②补体结合试验用抗原与阴性和阳性血清;③沉淀试验用抗原与阴性或阳性血清;④琼脂扩散试验用抗原与阴性阳性血清;⑤标记抗原与标记抗体,如荧光素标记以及相应的试剂盒;⑥定型血清及因子血清;⑦溶血素及补体、致敏血细胞;⑧分子诊断试剂盒。

(五)微生态制剂

微生态制剂是一种新型活菌制剂,由家禽体内正常菌群微生物所制成的生物制品,也称生态制剂或生态疫苗。家禽机体的消化道、呼吸道和泌尿生殖道等处均具有正常菌群,如双歧杆菌属、乳酸杆菌属等多种菌群。这些正常菌群是家禽机体非特异性天然免疫力,是动物机体抵抗病原微生物的重要屏障。正常家禽机体的菌群数量和种类处于一种动态的平衡,使家禽具有一定的抵抗力,但如果长期使用抗菌药物,可能会导致正常菌群失调,其他致病菌借机大量生长繁殖,引发菌群失调症(也称为二重感染)。应用微生态制剂调节家禽机体正常菌群,从而有利于家禽健康的事实已经得到充分证实,特别是在防治多种家禽的胃肠道疾病方面,解决了临床上一些抗菌药物达不到治疗目的的难题。微生态制剂作为饲料添加剂对家禽可起到保健和促进生长的作用。

微生态制剂常常使用1株或几株细菌制成不同的剂型,用于直接口服、拌料或溶于水中;或局部用于上呼吸道、尿道及生殖道;或对雏鸡进行喷雾使用。我国目前多用粉剂、片剂和菌悬液,直接口服或混于饲料中。

有些微生态制剂含有蜡样芽孢杆菌和枯草芽孢杆菌等需氧芽孢杆菌,这些菌不是正常菌群的主要成员,在肠道内不能长期定植,但当肠道内有过量的氧气、pH值上升、氧化还原电势偏高时,这些需氧菌容易生长。生长结果是使该部位的氧迅速消耗,从而有利于双歧杆菌和乳酸菌等有益菌的生长繁殖。

我国已经批准用于微生态制剂生产的细菌种类有需氧芽孢杆菌、乳杆菌、双歧杆菌、拟杆菌,还有其他一些菌种,如优杆菌、酵母真菌、黑曲霉、米曲霉等可用于制备微生态制剂。

(六)类 毒 素

类毒素又称脱毒毒素。许多致病性细菌产生毒性物质,统称为细菌毒素。细菌毒素可分为外毒素和内毒素两类。外毒素是细菌在生长过程中分泌到菌体外的毒性物质。产生外毒素的细菌主要是革兰氏阳性细菌,少数革兰氏阴性细菌也能产生。外毒素的毒性极强,对组织的毒性有高度的选择性,引起特征性的病变和临床症状,外毒素属蛋白质,容易被热、酸及消化酶灭活,细菌外毒素经甲醛灭活后成为类毒素。由于类毒素仍保持毒素的抗原性,能引起抗毒素的产生,故可用于人工免疫。家禽接种类毒素后能产生自动免疫,如破伤风类毒素。在类毒素中加入适量磷酸铝或氢氧化铝等吸附剂的类毒素称为吸附精制类毒素。精致类毒素注射入动物体后,能延缓机体的吸收,长时间地刺激机体产生免疫反应,能够增强免疫效果,如明矾沉降破伤风类毒素。类毒素主要用于免疫预防产生毒素的细菌性疫病。

(七)副免疫制品

人们把由免疫增强剂刺激家禽机体产生特异性和非特异性免疫后提高的免疫力称为副免疫,把这类增强剂统称为副免疫制品。该类制剂是通过刺激家禽机体,提高特异性和非特异性免疫力,从而使动物机体对其他抗原物质的特异性免疫力更强、更持久,如油乳剂、脂质体、无机化合物、脂多糖、多糖、免疫刺激复合物、缓释微球、细胞因子、重组细菌毒素(如霍乱菌毒素和大肠杆菌LT毒素等)及CpG寡核苷酸等。

现代免疫学研究指出,家禽免疫系统是整体协调作用,无论特异性免疫和非特异性免疫、淋巴因子和淋巴细胞,还是细胞免疫和体液免疫,都是依靠互相作用才能产生家禽抵抗疾病的免疫力,任何偏废都能导致不良后果。长期以来,人们在与家禽传染病的防治过程中真正体会到了疫苗接种带来的好处,却忽视了家禽非特异性免疫。随着免疫学研究的不断深入,人们开始重新考虑非特异性免疫的作用。

免疫学把没有特异性作用于特定病原微生物的机体防卫组织、细胞、体液和小分子活性物质所构成的免疫力称为非特异性免疫。然而,在现代免疫学中许多非特异性免疫成分参与了特异性免疫反应,而特异性免疫通常是靠非特异性免疫作用来实现的。大量科学研究发现,特异性免疫可以通过提高非特异性免疫而增强。

三、按生物制品制造方法和物理性状分类

(一)普通生物制品

指一般生产方法制备的、未经浓缩或纯化处理,或者仅按毒(效)价标准稀释的制品,如禽流感灭活疫苗、新城疫-传染性法氏囊二联灭活疫苗等。

(二)精制生物制品

将普通制品(原制品)经物理或化学方法除去无效成分,进行浓缩和提纯处理制成的制品,其毒(效)价均高于普通制品,从而其效力更好,如精致结核菌素。

(三)液状制品

与干燥制品相对而言的湿性生物制品。一些灭活疫苗、诊断制品(抗原、血清、溶菌素、血清补体等)为液状制品。液状制品多数既不耐高温和日晒,又不宜低温冻结或反复冻融,否则其效价会受到影响,故只能在低温冷暗处保存。

(四)干燥制品

生物制品经冷冻真空干燥后能长时间保持活性和抗原效价,无论活疫苗、抗原、血清、补体、酶制剂和激素制剂都如此。将液体的制品根据其性质加入适当冻干保护剂或稳定剂,经冷冻真空干燥处理,将96%以上的水分除去后剩下的则为疏松、多孔呈海绵状的物质,即为干燥制品。冻干制品应在8℃以下运输。有些菌体生物制品经干燥处理后可制成粉状物,成为干粉制剂,有利于运输、保存,并且可根据具体情况配制成混合制剂,使用方便。

(五)佐剂制品

为了增强疫苗制剂诱导家禽机体的免疫应答水平,以提高免疫效果,往往在疫苗的制备过程中加入适当的佐剂(也称免疫增强剂或免疫佐剂),制成的生物制剂即为佐剂制品。通常加入免疫佐剂的制品多数为灭活疫苗,加入佐剂后,会使灭活疫苗的免疫效果明显增强,延长灭活疫苗的免疫保护期。免疫佐剂的种类很多,较为常用的佐剂为氢氧化铝胶,制成的疫苗称为氢氧化铝胶疫苗,如鸡新城疫、产蛋下降综合征二联灭活氢氧化铝胶疫苗。其次为油佐剂,制成的疫苗称为油乳佐剂疫苗,如鸡新城疫油乳剂灭活疫苗。合格的油乳疫苗应为均匀的透明液体,如果疫苗出现了分层现象,则说明疫苗的品质有问题,或已经老化,这样的疫苗不能使用。除了氢氧化铝胶和油佐剂,还有很多化学物质以及生物学物质都可以作为佐剂使用。微生物用做佐剂的有结核杆菌、卡介苗、布鲁氏菌、短小棒状杆菌、百日咳杆菌、沙门氏菌、李氏杆菌、乳杆菌、双歧杆菌、链球菌等。微生物组分可以用作佐剂的有分枝杆菌细胞壁提取的胞壁酰二肽、乳酸菌及粪链球菌提取的细胞壁肽聚糖、革兰氏阴性菌提取的脂多糖、酵母菌提取的酵母多糖、香菇提取的香菇多糖和蜂胶等。

第二章　家禽常用生物制品的类型

各种佐剂的作用机制不尽相同，但概括起来有如下几个方面：一是对抗原的作用，增加抗原分子的表面积，提高抗原物质的免疫原性，延长抗原在体内的存留时间，抗原与某些佐剂混合后形成凝胶状，延长抗原在体内的储存时间，增加抗原与机体免疫系统接触的广泛程度，从而明显提高抗原物质的免疫原性。二是对机体的作用，佐剂能引起细胞浸润，出现巨噬细胞、淋巴细胞及浆细胞聚集，促进这些细胞增殖发挥更大作用。一些佐剂的主要作用对象是 T 细胞，通过 T 细胞的介导，增强各种免疫功能。某些佐剂可以直接作用于 B 细胞，但绝大多数佐剂物质所引起 B 细胞应答是在作用于巨噬细胞和 T 细胞之后。一些佐剂为碱性并含有较长的烃链，这些佐剂具有表面活性，作用于细胞膜，使细胞膜通透性增强，进而使溶酶体不稳定，从而释放出内含的水解酶类。细胞还释放出核酸和多核苷酸，这些物质均具有佐剂活性。

第二章　家禽常用疫苗的合理使用

近年来，我国集约化家禽养殖场数量不断增多，极大地推动了我国养禽业的发展，但由于养殖条件、养殖水平的不同，对家禽主要疫病进行的防治情况有很大的差别。有的养殖场（户）通过疫苗的免疫预防可以很好地预防疫病，而有的养殖场（户）虽然同样进行了免疫接种，却达不到预期的免疫效果，反而为疾病的发生提供了温床，导致疫病的流行。因此，如何科学地使用家禽疫苗是迫切需要解决的问题。

与常规的药物相比，疫苗具有其特殊性，在使用时必须熟悉疫苗的特性，选择时要因地制宜，操作时要准确无误。为了获得满意的预防效果，还要从以下几个方面加以注意。

一、疫苗选购的总体要求

目前，市场上家禽用生物制品种类繁多，即使同一种类的疫苗生物制品也有多个厂家和品牌。养殖场（户）在有更多选择机会的同时，也增加了选择合适疫苗的难度。因此，为了确保选购到合适的疫苗，有效地预防和治疗家禽传染病，各饲养场应在有经验的兽医工作者的指导下选购，同时也要注意以下几个方面。

第一，要根据本地区或本场疫病的流行情况，拟定出所需疫苗的种类，如果购买疫苗，则应选择疫苗毒株血清型与本地区流行血清型一致，同时根据养禽场的规模订购疫苗的数量。

第二，用于预防国家强制免疫的高致病性禽流感疫苗均由各地动物防疫站统一发售，因此一定要到指定的动物防疫站购买正规生物制品生产厂家的疫苗。进口疫苗都会有指定的代理商，应到正规的代售点购买。只有这样,才能保证买到货真价实的产品,而且在使用过程中一旦出现问题,也会有保障。

目前,我国明确规定,高致病性禽流感疫苗出厂时必须粘贴中国兽医药品监察所统一印制的专用防伪标签。广大用户在购买上述疫苗时一定要认准标志。中国兽药质量监督标志为直径13毫米或10毫米的圆形图案。标志圆环的上端为黑体中文"中国兽药质量监督"字样,下端为黑体英文"CHINA ANIMAL DRUGS QUALITY CONTROL",中、英文之间由2颗五角星隔开,圆环内由盾牌、蛇杖、天平和中国地图组成(图3-1)。

图 3-1 中国兽药质量监督标志

第三,购买疫苗时一定要注意检查疫苗的外包装,要选择包装规范、品名表示清晰、标签上有通俗易懂的完整说明,并配有使用说明书的产品。若为进口疫苗,则应配有中、英文两种说明书。兽医生物制品说明书必须注明一些信息,包括兽用标志、制品名称、主要成分及含量、性状、接种对象、用法与用量(冻干疫苗必须标明稀释方法)、注意事项(包括不良反应与急救措施)、有效期、规格、包装、贮藏方法、废弃包装处理措施、批准文号、企业信息等。

第四,检查所购疫苗有无兽药生产批准文号,正规产品在疫苗的包装上必须有农业部审批的兽药生产批准文号,其编制格式为兽药类别简称+年号+企业所在地省份(自治区、直辖市)序号+企业序号+兽药品种编号。如果为进口疫苗,应有农业部发给的进口生物制品的许可证证号。没有生产批准文号的产品一定不要购买。同时,一定要注意疫苗有效期的长短、是否已经过了有效期;包装瓶是否完整,若有裂纹、封口密闭不严、瓶内有异物、凝块、冻结或沉淀等情况时,一定不能购买;要严格按照疫苗要求的条件贮存和运输。

兽药生产批准文号是农业部根据兽药国家标准、兽药生产工艺和企业生产条件,经专家验收和评审合格发给生产企业的批准证明文件。

第五,首先选择GMP(良好的生产管理规范)厂家且有批准文号的疫苗,有批准文号的生物制品有严格的生产规范(规程)和质量控制标准。在使用"中试产品"时,首先要索取中试批号,并按规定申报,待批准后购入。同时,应谨慎注意生产厂家和中试文号,并与生产厂家签订责任事故赔偿协议。只有动物疫病非常严重时且又没有其他品种生物制品可以选择时才能使用,否则优先选用GMP厂家生产的有批准文号的生物制品。若选择的生物制品为进口产品时,则应具有进口生物制品的批准文号,销售部门应具有我国农业部颁发的《进口兽药登记许可证》,这样的产品都是通过了国家的质量检测,具有比较成熟的生产技术和工艺,质量比较稳定,免疫效果有保障,用户的经济利益能得到保证。

目前,中华人民共和国农业部下属的中国兽药信息网(www.ivdc.gov.cn)已经开通了"国家基础兽药数据库查询系统",购买者可以登录查询系统,查询兽药生产企业的 GMP 证书、兽药生产许可证、兽药产品批准文号等,还可查询进口生物制品信息,包括国内的合法代理机构、产品生产企业、产品名称、注册证号、批号、规格、注册证书失效日期、批签发等审批情况以及兽药监督抽检检验情况等。通过这些信息,为广大养殖场(户)选择优质疫苗提供了有用的信息平台。

第六,不要购买假冒伪劣产品。目前,兽用疫苗市场比较混乱,由于生产疫苗利润较高,导致市场上出现了很多劣质产品,在购买疫苗时一定要注意辨别。现在一些大的生产厂家生产的疫苗都有防伪标志,购买时一定要按照厂家的防伪标志说明,认清防伪标志。

二、常用疫苗的性状、保存及运输

(一)疫苗的性状

疫苗一般有冻干粉和液体 2 种。冻干疫苗是经过低温冷冻真空干燥后制成的,可以长期保持生物学活性和抗原效价。弱毒疫苗均为冷冻真空干燥制品,其物理性状为疏松的海绵状物,呈白色或微黄色、微红色,易溶于水。

多数灭活疫苗为液体状态,如鸡新城疫灭活疫苗、鸡传染性法氏囊病灭活疫苗等,多数呈淡黄色、微红色或乳白色液体,半透明或不透明,有的分层,下部有沉淀。

(二)疫苗的保存

根据疫苗的不同特性,在保存方面需要特定的条件,要严格按照疫苗说明书上的规定要求保存。我国各生物制品厂生产的各类冻干疫苗,其用于保护有效免疫成分的保护剂或佐剂都不能在 0℃以上时发挥有效作用,因此必须在低温条件下才能很好地保护冻干疫苗的免疫原性,故要求贮存和运输冻干疫苗的过程中,必须人为制造出一个适合或适应冻干疫苗自身条件的小环境,以确保疫苗的有效免疫原性。这一点是确保冻干疫苗在由生产厂家到用户手中的过程中,疫苗效果没有任何损失的首要条件。如果这一环节疫苗保存的必要条件未能满足,那么到消费者手中的疫苗免疫效果已经不是出厂时的判定指标,可能已经下降了许多。

疫苗厂应设置相应的冷库,防疫部门也应根据条件设置冷库、低温冷柜或冰箱、冷藏箱。冷冻真空干燥的疫苗,多数要求贮藏于-15℃以下,温度越低,保存的时间越长。如猪瘟兔化弱毒冻干疫苗,在-15℃条件下可保存1年以上,在0℃～8℃条件下只能保存6个月,若放在25℃条件下,最多10天即失去效力。大量生产实践证实,一些冻干苗在27℃条件下保存1周后有20%不合格,保存2周后有60%效力不合格。但也有特殊情况,如布鲁氏菌猪型2号苗要求在2℃～8℃保存。

疫苗使用单位必须设置必要的冷藏设备,疫苗运达后要认真核对和登记品名、批号、规格、数量、失效期等,并立即清点入库,按不同品种、批号分别贮放到规定的条件下保存。如果发现包装不合格、货单不符、批号不清以及质量异常等现象时,应及时与发货单位取得联系。保管疫苗要设专人,建立《禽用疫苗保管记录》,要经常检查冷藏设备的运转情况,以防冷藏设备不制冷时导致疫苗失效。使用单位还应注意疫苗的使用效果,如使用时发现问题,应保留样品,并尽快与相关疫苗厂家取得联系。

冻干疫苗应按说明书中的保存规定进行,一般需要低温保存(-15℃),在-15℃条件下保存时间不超过2年。需要说明的是,冻干苗的保存温度与冻干保护剂的性质有密切关系。一些国家生产的冻干苗可以在4℃～6℃条件下保存,因为使用了耐热保护剂。

未经真空冷冻干燥的活疫苗(也称湿苗)多数只能现制现用,在0℃～8℃条件下仅可短时期保存,严防冻结。活疫苗的保存切忌反复冻融,尤其是湿苗,每冻融1次效价就会损失50%左右。

灭活疫苗一般要求在2℃~8℃条件下保存,不能冻存。油乳剂灭活疫苗应保存在2℃~8℃的阴暗处,严防冻结,否则会出现破乳或出现凝集块,影响免疫效果。血清、诊断液等应保存在2℃~15℃条件下,不能过热,也不能低于0℃。

(三)疫苗的运输

由于疫苗对保存温度要求比较严格,因此运送兽用疫苗应采用最快的运输方法,尽量缩短运输时间。在运输过程中,不论使用何种运输工具运送疫苗都应注意防止高温、暴晒和冻融。运送时,疫苗要逐瓶包装,衬以厚纸或软草后装箱。弱毒疫苗要注意加冰低温运输,可先将疫苗装入盛有冰块的保温瓶或保温箱内运送,若长途运输则需使用冷藏车。

在夏季运输,要特别注意降温措施,防止温度过高而使疫苗失效。在冬季尤其是北方寒冷地区要避免液体疫苗冻结,尤其要避免由于温度高低不定引起的反复冻结和融化。切忌把疫苗放在衣袋内,以免由于体温较高而降低了疫苗的效价。大批量运输的疫苗应放在冷藏箱内,有冷藏车则最好用冷藏车运输,要以尽可能短的时间运送疫苗。

在实际工作中,疫苗的运输很难达到要求的温度,因此应尽量用最快的速度运达目的地,缩短运输时间,减少因运输原因造成疫苗效力降低。

三、疫苗的稀释方法和使用剂量

(一)疫苗的稀释方法

疫苗稀释液的质量对疫苗免疫效果影响很大,不同的接种方法所用的稀释液不同。应根据疫苗生产单位推荐的方法选择稀释液。有的疫苗生产厂家提供稀释剂,部分疫苗的稀释剂还具有免疫增强剂的功能。用于注射的活疫苗,一般配备专用稀释液。若无专用稀释液,注射免疫时最好使用灭菌生理盐水稀释。用于饮水的疫苗的稀释剂可选用蒸馏水或去离子水,也可用洁净的深井水,但不能用自来水,因为自来水中的消毒剂会杀死疫苗中的细菌或病毒。用于气雾免疫的疫苗应选蒸馏水或去离子水作为稀释剂,如果稀释剂中含有盐,雾滴喷出后,由于水分蒸发,导致盐类浓度升高,会使疫苗失效,如马立克氏病疫苗等需用专门的稀释液。如果能在饮水免疫或气雾免疫的稀释剂中加入 0.1% 的脱脂奶粉,将会保护疫苗的活性。

在稀释疫苗时,因为冻干疫苗的瓶内是真空的,打开瓶塞时瓶内压力突然增大,可能会使部分病毒(或细菌)死亡,也会造成瓶内物质溅出,为避免这一现象发生,应用注射器吸入少量稀释液注入疫苗瓶中,充分振摇、溶解后,再加入其余稀释液,待瓶内疫苗溶解后再打开瓶塞。如果疫苗瓶太小,不能装入全部的稀释液,可把疫苗吸出放在另一个容器内,再用稀释液冲洗疫苗瓶几次,使全部疫苗所含病毒(或细菌)都被冲洗下来。吸取和稀释疫苗时,必须充分摇匀,被稀释后的液体应呈均匀一致的悬浮液。

稀释疫苗应指定专人负责,特别是注射多种疫苗时更要注意,以防搞错。稀释时要注意检查疫苗的质量,如发现包装瓶破损、失去真空或已干缩、变色等的疫苗应剔除并妥善处理。稀释时要防止污染,注意消毒。一定要现用现稀释,疫苗稀释后应掌握在 1~2 小时用完为宜。同时,稀释好的疫苗应放在阴凉处或置于保温箱中,避开日光和热源。

(二)疫苗的使用剂量

正确的免疫接种剂量是保证免疫效果的重要因素之一,疫苗的接种剂量应严格根据说明书的要求,确定相应的剂量。一般说明书的推荐剂量就足以产生较高的免疫力,不必擅自增加或减少接种剂量。

免疫接种疫苗剂量的大小对机体刺激的反应程度和对机体产生抗体水平有明显的影响。在一定范围内,随着接种剂量的增加,免疫反应性也提高。适当的剂量能刺激机体产生最大的抗体水平,次适当的剂量产生较低的抗体水平。若免疫的剂量过小,抗原量不足,则不能充分诱导机体免疫力的产生,不能有效地抑制病原体的繁殖,难以达到防疫的要求。

然而免疫剂量过大不仅会造成疫苗的浪费,有时还可能带来一些不良后果。剂量过大会造成变态反应和免疫麻痹,尤其是一些弱毒活疫苗,有的还存在一定的毒力。

另外,注射部位不当,也会导致免疫剂量不足。有的防疫人员在注射时,往往不对家禽进行保定,没有将疫苗注射到要求的部位,有的把本应该皮下注射的疫苗注射到肌肉中,或将应该肌内注射的注射到皮下或皮内,或将应该滴鼻、滴眼的疫苗通过饮水使用。在很大程度上影响了疫苗的接种剂量和接种部位的准确性,不能收到预期的免疫效果。

四、疫苗的接种次数和间隔时间

若同一禽群要用疫苗预防多种疾病,最好能使用多联疫苗,如果没有联合疫苗可供选择,则只能用一种疫苗预防一种疾病,此时一定要注意不同种疫苗不能同时注射同一家禽群,要有一定的间隔时间,两次接种的时间间隔多久合适,要具体视疫苗的种类、性质的不同,经过充分的实验来确定。

此外,某些种类的禽用疫苗 1 次预防接种不能达到预期的免疫效果,需要进行多次免疫接种。一般而言,灭活疫苗的多次接种的间隔时间为 2~3 周为宜,而活疫苗在规定的免疫持续期内,不必进行 2 次及 2 次以上的免疫接种,但幼禽除外。

五、疫苗的接种方法

疫苗的接种途径应该以能使机体获得最好的免疫效果为根据。主要考虑两方面,一是病原体的侵入门户及定位,这种接种途径符合自然感染的情况,不仅全身的体液免疫系统和细胞免疫系统可以发挥防病作用,同时局部免疫也可尽早地发挥免疫效应;二是要考虑制品的种类与特点,不同种的生物制品要求不同的接种途径。

一般来说,引起机体全身广泛性损伤的疫病的免疫接种,多采用皮下或肌内注射的方法,以提高血清中的抗体水平,提高机体的抗感染能力。有的病原微生物侵入机体后,是在侵入部位引起局部组织损害,机体对这些抗原的免疫应答是以产生局部抗感染的抗体为主,采用气雾免疫效果较好。在给家禽免疫接种时,一定要按说明书的要求,采取合理的免疫方法,接种部位准确,才能获得有效的免疫效果。

(一)肌内注射接种法

肌内注射应选择肌肉丰满、血管少、远离神经干的部位。肌内注射部位有胸肌、大腿肌肉。胸肌注射时,应沿胸肌呈 45°角斜向刺入,避免与胸部垂直刺入误伤内脏,同时也不能与胸肌呈垂直角度刺入,否则会使胸部形成肉瘤。腿肌注射时,因大腿内侧神经、血管丰富,容易刺伤甚至引起死亡,故应在大腿外侧接种,注射不当易造成家禽跛行。该方法适用于给雏鸡接种弱毒活疫苗或灭活疫苗,如新城疫Ⅰ系疫苗及油乳剂灭活疫苗、禽霍乱弱毒疫苗或灭活疫苗。

肌内接种的优点是药液吸收快,方法较简便易行。缺点是注射量不能大,有些疫苗会损伤肌肉组织,如果注射部位不当,可能会引起跛行。注射弱毒疫苗可用22号针头,油乳剂灭活疫苗可用21号针头。注射器械和家禽接种局部,以及整个操作过程均应严格消毒,否则易诱发化脓性感染。操作应认真、细致、小心,不要对家禽造成不可恢复的损伤。

(二)皮下注射接种法

皮下注射是目前使用最多的一种方法,大多数疫苗都是经这一途径免疫的。疫苗注入皮下组织后,经毛细血管吸收进入血液,通过血液循环到达淋巴组织,从而产生免疫反应。凡引起全身性广泛损害的疾病,以皮下注射途径免疫为好。皮下注射分为颈部皮下注射、胸部皮下注射和腿部皮下注射3种。

1. 颈部皮下注射 用手提起颈部下1/3处的皮肤,使皮肤与颈部肌肉分离形成凹窝。注射针头沿鸡只颈部平行刺入。注射部位在颈部背中线下1/3靠近翅膀处。特别强调的是不可将疫苗注射到颈部肌肉或靠近头部,否则会造成肿头等现象。

2. 胸部皮下注射 一人左手握住鸡双翅,右手握住鸡双腿,侧卧保定。另一人右手紧握注射器,左手沿胸骨脊逆向拨开胸部肌肉处羽毛,用食指和拇指夹起皮肤,针头沿15°角刺入皮下将疫苗注入形成一团白色云状物,然后用拇指紧压针孔,防止药液漏出,特别强调的是不可刺入过深,防止损伤鸡只。

3. 腿部皮下注射 选择在大腿内侧,腹股沟皮下进行注射。注射时将大腿向外拉,使腿部内侧皮肤与肌肉分离产生空隙,针头顺腿根方向刺入。特别强调的是针头不宜过长或刺入太深,以防产生严重应激反应。

皮下接种的优点是免疫确实,效果佳,吸收较皮内快。缺点是用药量较大,副作用也比皮内法稍大,注意凡是对组织刺激性强的药物不可用于皮下注射。

(三) 刺种法

此法适用于鸡痘疫苗的接种。刺种部位为鸡的翅内侧无羽毛处,具体方法是,用特制的刺种针蘸取疫苗,于翅下刺种。接种5~7天后,刺种部位皮肤上可见明显的红肿小疱,以后逐渐干枯结痂脱落。若接种部位无反应时,则表明以前曾进行过免疫接种或鸡曾患过鸡痘,若不属于此类情况时则表明接种不成功,应重新接种。刺种时,要避开有血管部位,以防损伤血管造成流血,在拔针时要防止将苗液带出一部分,使得接种剂量不足,导致个别鸡免疫不确实,散发鸡痘。正常红肿小疱在10毫米以下,中央有干痂,若反应较大并有干酪中心,则表明污染或用具不洁净。疫苗在使用过程中应摇匀,以保证疫苗刺种针内蘸取足够的疫苗量。同时,接种时要注意接种部位的消毒。

给1日龄雏鸭接种鸭病毒性肝炎疫苗,有时用足蹼刺种法,具体方法同上。

(四) 涂擦法

1. 泄殖腔接种 适用于鸡传染性喉气管炎强病毒的免疫。鸡传染性喉气管炎强病毒接种则用擦肛法,用消毒的棉签或小刷蘸取疫苗(通常是0.1%悬液),直接涂擦在泄殖腔的黏膜上。擦肛后4~5天,应检查接种部位有无炎性肿胀,可见泄殖腔黏膜潮红,则说明接种成功,若无反应则说明接种失败,必须重新接种。这种强毒疫苗只能在发病鸡场中对未发病鸡做应急使用,并且要注意防止散毒。

2. 皮肤擦种法 拔除几根股部或大腿部羽毛,将疫苗擦拭于出血的羽囊开口处。此法主要用于幼雏的免疫接种。由于接种部位血液循环缓慢,母源抗体不能中和毛囊里的疫苗病毒,所以不会影响免疫效果。

（五）滴鼻接种或点眼接种

滴鼻或点眼接种属于黏膜免疫的一种，黏膜是病原微生物侵入的最大门户，有95%的感染发生在黏膜或由黏膜侵入机体，黏膜免疫接种既可刺激产生局部免疫，又可建立针对相应抗原的共同黏膜免疫系统工程，黏膜免疫系统能对黏膜表面不时吸入或食入的大量种类繁杂的抗原进行准确的识别并做出反应，对有害抗原或病原体产生高效体液免疫反应和细胞免疫反应。此法多用于雏鸡。

滴的部位为眼结膜和鼻孔，用滴管将疫苗液滴进鸡的眼睛或鼻孔内，滴入量为1～2滴，滴时需确实，滴鼻时要用手堵住另一侧的鼻孔，以保证疫苗被吸进鸡的鼻孔内。滴眼时需看到滴进的疫苗在眼内一闪即消失，然后才可以将鸡放开。若鸡一侧鼻孔堵塞，可换滴另一鼻孔。

点眼、滴鼻法均适用于弱毒疫苗，为抵抗母源抗体的干扰，可适当增大疫苗的接种量。滴眼时，要等疫苗扩散后才能放开雏鸡。

（六）浸 嘴 法

将鸡嘴部浸入疫苗悬液中，疫苗经鼻孔而进入鸡体，此法仅限于雏鸡使用。操作人员需保证鸡嘴部浸入疫苗悬液中的深度要超过鼻孔高度，否则达不到免疫效果。此法的缺点是疫苗悬液往往被先浸疫苗的鸡嘴中的饲料、黏液等污染而降低疫苗的效果。10日龄至4周龄的雏鸡，1 000羽份疫苗稀释量为250毫升。浸嘴法免疫时不能用流动循环的水。

以上6种免疫接种方法都需要捕捉家禽，占用较多的人力，同时对家禽机体产生应激作用较大，对生产力有一定的影响。

(七)饮水免疫法

适用于新城疫疫苗的 La Sota 系和 C30 株,传染性支气管炎 H52 和 H120 弱毒疫苗、传染性法氏囊病的中等毒力和弱毒疫苗。饮水免疫适用于大型禽群,此法省时省力,简单方便,对禽的应激较小。在进行家禽的饮水免疫时应注意以下若干问题:①适合饮水免疫的疫苗是高效价的活毒弱疫苗,如鸡新城疫弱毒疫苗、禽霍乱弱毒疫苗、鸡传染性法氏囊病弱毒疫苗、鸡传染性支气管炎弱毒疫苗等。②饮水免疫前、后 24 小时不得使用任何消毒药物。免疫前应根据当地的季节、饲料等情况停止饮水,夏季 2~3 小时、冬季 3~4 小时,以保证每只鸡在短时间内饮到足够数量的疫苗。水中可加入 0.1% 的脱脂奶粉或疫苗保护剂,避免疫苗受到水的破坏。饮完后经 1~2 小时再恢复正常供水。③采用饮水免疫的疫苗必须是活疫苗,灭活疫苗免疫力差,不适于饮水。④加大疫苗的使用剂量,一般认为饮水免疫疫苗的用量应为注射量的 5~10 倍,其目的是保证家禽摄入足够量的抗原。稀释疫苗用水量应根据家禽大小来确定,1~2 周龄每只 8~10 毫升,3~4 周龄每只 15~20 毫升,5~6 周龄每只 20~30 毫升;7~8 周龄每只 30~40 毫升;9~10 周龄每只 40~50 毫升。稀释疫苗应将疫苗开瓶后倒入水中混合均匀。⑤饮水免疫时,饮水温度要适当(一般要求 15℃~25℃),酸碱度适中。同时,还应该考虑到水和饲料中的某些物质可能会影响疫苗的质量,饮水中不能含有氯、锌、铜、铁等对疫苗有影响的离子。饮水器要洁净,没有残留消毒剂和洗涤剂等。要确保水中不含有氯制剂、重金属等能杀灭疫苗的物质,饮水时间一般在 1.5~2 小时完成,水中可以加 1%~2% 鲜奶或 0.1%~0.2% 脱脂奶粉。在家禽饮水免疫前后 24 小时内,家禽的饲料和饮水中不可使用消毒剂和抗菌药物。⑥由于个体饮水量的差异,每只家禽所获得的疫苗量不同,因而每只家禽免疫程度不同,导致群体免疫水平不一致。因此,有条件的养禽场最好在免疫后间隔一定时间进行免疫效果监测,以检测群体免疫水平和免疫的整齐度。

(八)气雾免疫法

喷雾免疫简便而有效,对鸡呼吸道病的免疫效果很理想,可对鸡进行大群免疫。通过气雾发生器将稀释的疫苗喷射出去,使疫苗形成直径1~100微米的雾化粒子,飘浮于空气中,通过呼吸道进入肺内,以达到免疫的目的。

根据雾化粒子的大小分为粗滴气雾免疫法和细滴气雾免疫法2种方式。该接种方法适用于新城疫F系、La Sota系和传染性支气管炎疫苗。

1. 粗滴气雾免疫法 雾粒直径为10~100微米,最好60微米左右,一般停留在雏鸡的眼和鼻腔内,很少发生慢性呼吸道病。适用于1月龄以内的鸡免疫。

2. 细滴气雾免疫法 雾粒直径为5~22微米,受布朗运动作用,一直保持悬浮状态,易被鸡只吸入。细滴雾粒可同时刺激上呼吸道和深入肺脏的深部,产生局部免疫力,但对鸡的刺激较大,易诱发呼吸道感染。

进行气雾免疫时应注意以下问题:①疫苗效价要高,疫苗剂量应增加1/3或1倍。稀释液应使用去离子水或蒸馏水,最好加入5%甘油或0.1%脱脂奶粉。②降低鸡舍的亮度使鸡群保持安静,如果在光亮的鸡舍,最好在夜间进行喷雾接种。炎热时宜在早晨、晚上进行。气雾免疫时,雾粒直径以1~100微米较好。房舍应密闭,减少空气流动,并避免直射阳光,喷雾完毕20分钟后才可开启门窗。③喷雾时,操作者可距离鸡只2~3米,喷头跟鸡保持1米左右的距离,呈45°角,使雾粒刚好落在鸡的头部。喷雾时,可连续多次来回进行,将药液喷匀,至雏鸡身体稍微喷湿即可。切记喷雾接种后,雏鸡羽毛干燥的时间长短会影响免疫效果,干燥快(少于 5 分钟)免疫效果差,干燥较慢(15 分钟左右)可保证良好的免疫效果。但时间不可过长,否则容易导致雏鸡发病或死亡。④喷雾时要求温度为 15℃～20℃,湿度 70%以上,以免雾滴迅速被蒸发。⑤配制疫苗时,1～4 周龄雏鸡每 1 000 羽所需水量为 300～500 毫升,5～10 周龄的为 1 000 毫升。⑥采取合理措施,使鸡群保持安静。⑦喷雾免疫的最大不足是易激发呼吸道感染,尤其是慢性呼吸道病。研究表明,这种应激作用的严重程度与雾粒大小成反比,因此有慢性呼吸道病存在的鸡群以及雏鸡一般不宜应用这种方法免疫,或可采用粗分散度气溶胶法(雾滴粒子直径为 60 微米)减少激发病的发生。此外,在喷雾免疫前后在饲料或饮水中加入抗支原体药物,有助于减少慢性呼吸道病的发生。

(九)静脉注射法

此法奏效快,可以及时抢救患病的家禽,主要用于注射抗病血清进行紧急预防或治疗。注射部位为家禽的翼下静脉。

(十)胚胎内免疫接种

由于预防马立克氏病的火鸡疱疹病毒疫苗必须在雏鸡接触野毒之前进行免疫接种,而且越早越好。目前,普遍采用的方法是在孵坊内免疫接种 1 日龄雏鸡。显然,如果孵坊内已有马立克氏病野毒存在,那么雏鸡一出壳就可能被感染,这样再免疫接种其效果就很差了。为了防止这种情况的发生,1980 年 Sharma 首创了给 18 日龄的鸡胚免疫接种,而且获得了成功。现在发达国家已普遍采用这种方法,而且发明了专用设备。此法现在也用于新城疫、传染性支气管炎、传染性法氏囊病疫苗的接种。

六、家禽常用疫苗的种类及使用方法

(一)鸡新城疫疫苗

鸡新城疫(New castle disease,ND)亦称亚洲鸡瘟,民间俗称鸡瘟,是由新城疫病毒(NDV)引起的一种主要侵害鸡、火鸡、野禽及观赏鸟类的高度接触传染性、致死性疾病,其发病率和死亡率在90%以上,是严重危害养禽生产的最主要疾病之一。家禽发病后的主要特征是呼吸困难,腹泻,且伴有神经症状,成鸡严重产蛋下降,黏膜和浆膜出血,感染率和致死率高。

自1926年发现本病以来,该病已广泛流行于世界许多国家。近年来,西方发达国家采取以扑杀强毒感染群为主的方法,已经基本控制该病。在我国,由于经济发展水平的限制以及强毒感染的普遍存在,主要通过应用疫苗进行免疫接种来控制新城疫的发生,免疫接种是预防新城疫行之有效的重要手段,不能低估疫苗在防治新城疫中的重要作用。

1. 新城疫疫苗的种类及应用　目前,新城疫疫苗的种类较多,可概括地分为两大类,即新城疫弱毒(活)疫苗和新城疫灭活苗。我国现行使用于鸡新城疫免疫的弱毒疫苗种类很多,不同种类的弱毒疫苗其免疫性不同,免疫的方法也不完全相同。目前,我国使用的弱毒疫苗有2种类型,一类是属于中等毒力的疫苗,包括H株、Roakin株、Mukteswar株和Komorov株等,我国主要使用Mukteswar株(即Ⅰ系苗)。另一类属于弱毒疫苗,有Ⅱ系、Ⅲ系和Ⅳ系弱毒疫苗。对这些弱毒疫苗免疫的使用方法较多,有点眼、滴鼻、肌内注射、刺种、饮水和气雾等。应该注意,不同的免疫途径,其效果是不一样的,一般说点眼、滴鼻和肌内注射的免疫效果比饮水免疫好,气雾法免疫又比眼、鼻途径免疫力强。但在支原体病污染的鸡场,首次免疫时禁止使用气雾法免疫,因为使用后往往激发,甚至暴发支原体病。所以,采用何种免疫方法,应根据疫苗种类、鸡群的日龄等多种因素进行合理选择。

(1)鸡新城疫中等毒力活疫苗(Ⅰ系)

【主要成分】 疫苗中含鸡新城疫病毒 Muktoowar 株(Ⅰ系),用鸡胚培养,收获鸡胚液、胎儿、绒毛尿囊膜混合研碎制成乳剂,再加入冻干保护剂、青霉素、链霉素后分装,冷冻真空干燥而成,每羽份病毒含量不少于 10^5 ELD_{50}(半数鸡胚致死量)。

【物理性状】 微黄色或微红色海绵状疏松团块,易与瓶壁脱离,加稀释液后迅速溶解。

【作用与用途】 用于预防鸡新城疫。专供经鸡新城疫低毒力活疫苗免疫过的 2 月龄以上鸡使用,免疫期为 1 年。

【用法与用量】 按瓶签注明羽份用灭菌生理盐水或适宜稀释液稀释,采用点眼、饮水、皮下或胸部肌内注射途径接种。用于 60 日龄以上健康鸡的加强接种。皮下或胸部肌内注射,每只接种 1 毫升(含 1 羽份)。点眼,将 1 000 羽份疫苗稀释至 30 毫升,每只鸡点眼 2 滴。饮水时剂量加倍,饮水量视品种和季节而定。一般情况下,每只成鸡 20~30 毫升。

【不良反应】 一般无可见不良反应。

【注意事项】 ①本疫苗系用中等毒力毒株制成,专供鸡新城疫低毒力活疫苗免疫过的 2 月龄以上的鸡使用,不得用于初生雏鸡。②本疫苗对纯种鸡反应较强,产蛋鸡在免疫后 2 周内产蛋可能减少或产软壳蛋,因此最好在产蛋前或休产期进行免疫,不得接种产蛋期的母鸡。③对未经低毒力活疫苗免疫过的 2 月龄以上的土种鸡可以使用,但有时亦可引起少数鸡减食和个别鸡神经麻痹或死亡。④同时饲养成鸡和雏鸡的饲养场,在使用本疫苗时,应特别注意消毒隔离,避免疫苗毒的传播引起雏鸡发病。⑤疫苗加水稀释后,应放冷暗处,在 4 小时内用完。⑥用过的疫苗瓶、器具和

第三章 家禽常用疫苗的合理使用

稀释后剩余的疫苗等不能随意丢弃,须经加热或消毒灭菌后方可废弃。

【贮藏与有效期】 在-15℃以下保存,有效期为24个月。

(2)鸡新城疫中等毒力活疫苗(CS2株)

【主要成分】 含鸡新城疫病毒(CS2株),每羽份病毒含量不低于$10^5 ELD_{50}$。

【物理性状】 本品为微黄色海绵状疏松团块,易与瓶壁脱离,加稀释液后迅速溶解。

【作用与用途】 用于预防鸡新城疫,专供已经鸡新城疫低活力活疫苗接种过的鸡使用。

【用法与用量】 按瓶签注明羽份,用灭菌生理盐水或其他适宜的稀释液稀释,采用皮下或胸部肌内注射途径接种。每只接种1毫升(含1羽份)。

【不良反应】 纯种鸡反应较强,产蛋鸡在接种后2周内产蛋可能减少或产软壳蛋。

【注意事项】 ①本疫苗为中等毒力疫苗,专供已经鸡新城疫低毒力活疫苗接种过的1月龄以上的鸡只使用,不得用于初生雏鸡。②产蛋鸡最好在产蛋前或休产期进行接种。③在有成鸡和雏鸡的饲养场,在使用本疫苗时,应特别注意消毒隔离,避免疫苗毒的传播,引起雏鸡发病。④疫苗加水稀释后,应放冷暗处,必须在4小时内用完。⑤用过的疫苗瓶、器具和稀释后剩余的疫苗等应进行消毒处理。

【贮藏与有效期】 在8℃或-15℃条件下保存(见瓶签),有效期为24个月。

(3)新城疫病活疫苗(B1系或HB1系,国内称Ⅱ系)

【主要成分】 Ⅱ系弱毒疫苗(B1系或HB1系)鸡胚培养,收获鸡胚液、胎儿、绒毛尿囊膜混合研碎制成乳剂,再加入冻干保护剂,加入青霉素和链霉素,分装后,冷冻真空干燥而成,每羽份病毒含量$\geq 10^6 EID_{50}$。

【物理性状】 本品为乳白色或淡黄色海绵状疏松团块,易与瓶壁脱离,加稀释液后迅速溶解成均匀的悬浮液。

【作用与用途】 该疫苗毒力比较弱、安全性好,主要适用于雏鸡免疫,接种后6～9天产生免疫力,免疫期3个月以上,但因多种因素影响,免疫期常达不到3个月。

【用法与用量】 该疫苗适用于滴鼻或点眼免疫。带有母源抗体的雏鸡,经1～2次免疫后,再用Ⅰ系疫苗免疫接种1次,可获得良好免疫效果。使用时将疫苗做10倍稀释,滴入鼻内1～2滴。近年来,有的地区采用Ⅱ系疫苗对1日龄雏鸡滴鼻免疫,这种免疫法很适用于农村饲养的雏鸡。在雏鸡母源抗体低的情况下,其免疫效果良好,母源抗体高时会影响其免疫效果。

【不良反应】 无可见不良反应。

【注意事项】 ①Ⅱ系苗免疫原性较差,不能克服母源抗体的干扰,保护力不强,如遇强毒感染,对鸡群不能完全保护。②剩余的疫苗及空瓶不能随意丢弃,须经加热或消毒灭菌后方可废弃。

【贮藏与有效期】 −15℃贮存时有效期为24个月,0℃～4℃贮存时有效期为8个月,10℃～15℃贮存时有效期为3个月,25℃～30℃贮存时有效期为10天。

(4)新城疫活疫苗(F系,国内称为 Ⅲ系疫苗)

【主要成分】 Ⅲ系弱毒疫苗(F系)鸡胚培养,收获鸡胚液、胎儿、绒毛尿囊膜混合研碎制成乳剂,再加入冻干保护剂,加入青霉素和链霉素,分装后,冷冻真空干燥而成,每羽份病毒含量$\geq 10^6 EID_{50}$。

【物理性状】 本品为乳白色或淡黄色海绵状疏松团块,易与瓶壁脱离,加稀释液后迅速溶解成均匀的悬浮液。

【作用与用途】 该疫苗毒力比较弱,不能完全致死鸡胚,安全性好,主要用于雏鸡免疫。

【用法与用量】 该疫苗适用免疫途径为滴鼻、点眼、饮水、气雾和肌内注射,在雏鸡母源抗体低的情况下,其免疫效果良好,母源抗体高时会影响其免疫效果。

【不良反应】 通常无不良反应,但有时会引起一过性的轻微呼吸道症状。

【注意事项】 ①Ⅲ系苗免疫原性较差,不能克服母源抗体的干扰,保护力不强,如遇强毒感染,对鸡群不能完全保护。该疫苗的毒力比Ⅱ系苗低,在我国尚未广泛使用。②剩余的疫苗及空瓶不能随意丢弃,须经加热或消毒灭菌后方可废弃。

【贮藏与有效期】 -15℃贮存时可保存24个月,0℃~4℃贮存时可保存8个月,10℃~15℃贮存时可保存3个月,25℃~30℃贮存时可保存10天。

(5)鸡新城疫病毒低毒力疫苗(La Sota,国内也称Ⅳ系疫苗)

【主要成分】 疫苗中含有活的鸡新城疫病毒低毒力的La Sota株,每羽份病毒含量不少于$10^5 ELD_{50}$。

【物理性状】 本品为淡黄色或微红色海绵状疏松团块,易与瓶壁脱离,加稀释液后迅速溶解。

【作用与用途】 用于预防鸡新城疫。

【用法与用量】 按瓶签注明羽份用灭菌生理盐水或蒸馏水稀释疫苗,采用滴鼻、点眼、饮水或气雾途径接种。适用于各种日龄健康鸡,可用于首次接种或加强接种。滴鼻、点眼接种时,将500羽份疫苗稀释至15毫升,每只鸡滴鼻或点眼2滴(约0.05毫升)。饮水免疫时剂量加倍,饮水量视鸡龄、品种和季节而定。一般情况下,5~10日龄鸡,每只5~10毫升;20~30日龄鸡,每只15~20毫升;成鸡,每只20~30毫升;肉用鸡或干热季节应适当增加饮水量。气雾免疫剂量加倍,雾滴直径大约为100微米,接种时应在鸡群上方50厘米处进行。

【不良反应】 一般无可见不良反应。

【注意事项】 ①免疫鸡群应健康,体质良好。②疫苗稀释后,应放冷暗处,限4小时内用完。③滴鼻免疫,应在2小时内用完;饮水免疫时,饮水应不含氯等消毒剂,饮水要清洁,忌用金属容器,饮水前应停水2~4小时。④有支原体感染的鸡群,禁用喷雾接种。⑤免疫前24小时,停止在饮水、饲料中使用任何抗病毒药物或消毒剂。⑥在已发病地区使用,应按紧急防疫处理。⑦剩余的疫苗及空瓶不能随意丢弃,须经加热或消毒灭菌后方可废弃。

【贮藏与有效期】 在-15℃条件下避光保存,有效期为24个月。

(6)鸡新城疫活疫苗(Clone 30株)

【主要成分】 本品系用无特定病原(SPF)鸡胚生产,疫苗中含鸡新城疫病毒 La Sota Clone 30株,每羽份病毒含量不少于10^6 EID_{50}。

【物理性状】 微黄色海绵状疏松团块,易与瓶壁脱离,加稀释液后迅速溶解。

【作用与用途】 用于预防鸡新城疫。

【用法与用量】 滴鼻、点眼、饮水或喷雾接种均可。按瓶签注明羽份用生理盐水或适宜稀释液稀释。滴鼻或点眼免疫每羽用0.03~0.05毫升。饮水时,疫苗免疫剂量加倍。饮水量视鸡龄、品种和季节而定,一般情况下,5~10日龄鸡,每只5~10毫升;20~30日龄鸡,每只15~20毫升;成鸡,每只20~30毫升;肉用鸡或干热季节应适当增加饮水量。气雾免疫剂量加倍,雾滴直径大约为100微米,接种时应在鸡群上方50厘米处进行。

【不良反应】 一般无可见不良反应。

【注意事项】 ①疫苗加水稀释后,应放冷暗处,必须在4小时内用完。②鸡支原体感染的鸡群,禁用喷雾免疫。③饮水接种时,饮水中不应含氯等消毒剂,饮水要清洁,忌用金属容器。④剩余的疫苗及空瓶不能随意丢弃,须经加热或消毒灭菌后方可废弃。

【贮藏与有效期】 在-15℃条件下保存,有效期为24个月。

(7)鸡新城疫低毒力三价活疫苗(V4+Clone 30+La Sota)

【主要成分】 本品含有La Sota株(国际通用毒株免疫原性好,保护力强)、Clone 30株(是La Sota的克隆株,既保留原有的优点又降低了毒力,可突破母源抗体,安全性好)和V4株(是天然耐热株,局部黏膜免疫效果极佳,可抵抗野毒的侵袭)。

本疫苗具有不同毒株协同作用,能全面彻底地预防典型和非典型新城疫病毒侵袭;均由SPF鸡胚生产,副作用极小。

【物理性状】 微黄色海绵状疏松团块,易与瓶壁脱离,加稀释液后迅速溶解。

【作用与用途】 用于预防鸡新城疫。

【用法与用量】 滴鼻、点眼、饮水或喷雾接种均可。按瓶签注明羽份用生理盐水或适宜稀释液稀释。滴鼻或点眼免疫每羽用0.03~0.05毫升。饮水时,疫苗免疫剂量加倍。

【不良反应】 一般无可见不良反应。

【注意事项】 ①疫苗加水稀释后,应放冷暗处,必须在4小时内用完。②鸡支原体感染的鸡群,禁用喷雾免疫。③饮水接种时,饮水中不应含氯等消毒剂,饮水要清洁,忌用金属容器。④剩余的疫苗及空瓶不能随意丢弃,须经加热或消毒灭菌后方可废弃。

【贮藏与有效期】 在-15℃条件下保存,有效期为12个月。

(8)鸡新城疫灭活疫苗(Clone 30株)

【主要成分】 本品系用鸡新城疫病毒Clone 30株接种鸡胚培养,收获感染鸡胚液,经甲醛溶液灭活后,加矿物油佐剂混合乳化制成。用于预防鸡新城疫。每羽份含灭活的鸡新城疫病毒(Clone 30株)至少为50 PD_{50}(半数保护量),或每1/50羽份疫苗至少能刺激产生24HI(血凝抑制)抗体。

【物理性状】 乳白色乳剂。

【作用与用途】 用于预防鸡新城疫。

【用法与用量】 肌内注射或颈下部皮下注射。种鸡和蛋鸡，每只注射 0.5 毫升，肉鸡每只注射 0.25 毫升。

接种的最佳时间和方法在很大程度上取决于当地的具体情况。因此，接种前应征求当地兽医的意见。

【不良反应】 正确接种健康鸡，通常无严重不良反应。但有时在接种部位会出现微肿，可持续数周，若接种时严格执行无菌操作，则不会造成永久性的组织损害。

【注意事项】 ①疫苗切勿冻结。②仅用于接种健康鸡。③使用前应将疫苗放至室温(15℃～25℃)，并充分摇匀。④接种时，应执行常规无菌操作。⑤疫苗瓶开启后，应在3小时内用完。⑥本疫苗不得与其他疫苗混合使用。⑦剩余的疫苗及空瓶不能随意丢弃，须经加热或消毒灭菌后方可废弃。⑧如误将疫苗注入人体，应立即就医，并告诉医生本疫苗含有矿物油乳剂。

【贮藏与有效期】 在 2℃～8℃ 条件下保存，有效期为 36 个月。

(9)鸡新城疫灭活疫苗(La Sota 株)

【主要成分】 本品系用鸡新城疫病毒弱毒 La Sota 株接种易感鸡胚培养，收获感染鸡胚液，经甲醛灭活后，加油佐剂混合乳化制成。灭活前每羽份疫苗中含鸡新城疫病毒(La Sota 株)至少为 $5 \times 10^7 EID_{50}$。

【物理性状】 乳白色乳剂。

【作用与用途】 用于预防鸡和火鸡的新城疫。

【用法与用量】 颈下部皮下注射，每只 0.5 毫升。用于在 4 周前首次接种过鸡新城疫活疫苗的 16～20 周龄的鸡和火鸡的加强接种。若鸡在翌年继续进行强制换羽饲养，在换羽期再进行 1 次加强接种。2 周龄以内雏鸡颈部皮下注射每羽 0.2 毫升，同时以 La Sota 株或 Ⅱ 系弱毒疫苗滴鼻或点眼。肉鸡以上述方法免疫

第三章 家禽常用疫苗的合理使用

1次即可。2月龄以上鸡每羽注射0.5毫升,免疫期可达10个月。用弱毒活疫苗免疫过的母鸡,在开产前2~3周每羽注射0.5毫升,可保护整个产蛋期。

【不良反应】 一般无可见不良反应。

【注意事项】 ①仅用于免疫健康鸡。②疫苗不得冻结与高温。③使用前应认真检查疫苗,如出现破损、异物或破乳分层等异常现象切勿使用。④使用前应将疫苗恢复至常温并充分摇匀。⑤免疫时,应执行常规无菌操作。⑥接种时应及时更换针头,最好1只鸡用1根针头。⑦疫苗启封后,限24小时内用完。⑧用于肉鸡时,屠宰前21日内禁止使用;用于其他鸡时,屠宰前42日内禁止使用。⑨剩余的疫苗及空瓶不能随意丢弃,须经加热或消毒灭菌后方可废弃。

【贮藏与有效期】 在2℃~8℃条件下保存,有效期为12个月。

(10) 鸡新城疫、传染性支气管炎二联活疫苗(La Sota株+H52株)

【主要成分】 疫苗中含鸡新城疫病毒La Sota株不少于$10^6 EID_{50}$/羽份,鸡传染性支气管炎病毒H52株不少于$10^{3.5} EID_{50}$/羽份。

【物理性状】 微黄色或微红色海绵状疏松团块,易与瓶壁脱离,加稀释液后迅速溶解。

【作用与用途】 用于预防鸡新城疫和传染性支气管炎。

【用法与用量】 滴鼻或饮水接种。按瓶签注明的羽份用生理盐水、蒸馏水或水质良好的冷开水稀释。滴鼻或点眼免疫每羽0.03毫升。饮水免疫剂量加倍。参考饮水量:20~30日龄鸡每羽份10~20毫升,成鸡每羽份20~30毫升。

【不良反应】 一般无可见不良反应。

【注意事项】 ①La Sota株+H52株二联苗用于21日龄以

上或已经做过传染性支气管炎疫苗免疫的鸡。②疫苗稀释后应放冷暗处,必须在4小时内用完。③饮水接种时忌用含消毒剂的自来水或金属容器,饮水接种前至少停止饮水4小时。④剩余的疫苗及空瓶不能随意丢弃,须经加热或消毒灭菌后方可废弃。

【贮藏与有效期】 -15℃以下保存,有效期为18个月。

(11)鸡新城疫、传染性支气管炎二联活疫苗(La Sota 株+H120 株)

【主要成分】 疫苗中含鸡新城疫病毒 La Sota 株不少于 $10^6 EID_{50}$/羽份,鸡传染性支气管炎病毒 H120 株不少于 $10^{3.5} EID_{50}$/羽份。

【物理性状】 微黄色或微红色海绵状疏松团块,易与瓶壁脱离,加稀释液后迅速溶解。

【作用与用途】 用于预防鸡新城疫和传染性支气管炎。本二联苗用于7日龄以上鸡。

【用法与用量】 滴鼻或饮水接种。按瓶签注明的羽份用生理盐水、蒸馏水或水质良好的冷开水稀释。滴鼻或点眼免疫每羽0.03毫升。饮水免疫剂量加倍。参考饮水量:5~10日龄鸡每羽份5~10毫升,20~30日龄鸡每羽份10~20毫升,成鸡每羽份20~30毫升。

【不良反应】 一般无可见不良反应。

【注意事项】 ①仅用于接种健康鸡。②疫苗稀释后应放冷暗处,必须在4小时内用完。③饮水接种时忌用含消毒剂的自来水或金属容器,饮水接种前至少停止饮水4小时。④用过的疫苗瓶、器具、未用完的疫苗等应进行消毒处理,不能随意丢弃。

【贮藏与有效期】 -15℃以下保存,有效期为18个月。

(12)鸡新城疫、传染性法氏囊病二联活疫苗(La Sota+NF8株)

【主要成分】 疫苗中含有鸡新城疫病毒 La Sota 株至少

$10^6 EID_{50}$/羽份、传染性法氏囊病毒 NF8 株至少 $10^3 ELD_{50}$/羽份。

【物理性状】 淡红色或淡黄色疏松团块,易与瓶壁脱离,加稀释液后迅速溶解。

【作用与用途】 用于预防鸡新城疫和传染性法氏囊病。

【用法与用量】 用于 7 日龄以上鸡滴鼻、点眼或饮水接种。有母源抗体的雏鸡,可在 10~14 日龄时首次接种,间隔 1~2 周后进行第二次接种。

【不良反应】 无可见不良反应。

【注意事项】 ①仅用于接种健康鸡。②本品严禁冻结。如出现破损、异物或破乳分层等异常现象,切勿使用。③接种时,注射器具需经高压蒸汽或煮沸消毒,注射部位应用碘酊消毒。④用时摇匀,并使疫苗恢复至室温。疫苗瓶一旦开启,限当日用完。⑤剩余的疫苗及空瓶不能随意丢弃,须经加热或消毒灭菌后方可废弃。

【贮藏与有效期】 在 2℃~8℃条件下保存,有效期为 18 个月。

(13)鸡新城疫、禽流感(H9 亚型)二联灭活疫苗(La Sota 株+LG1 株)

【主要成分】 疫苗中含灭活的鸡新城疫病毒 La Sota 株(灭活前的病毒含量≥$10^8 EID_{50}$/0.1 毫升)、禽流感病毒(H9 亚型) LG1 株(灭活前的病毒含量≥$10^{7.5} EID_{50}$/0.1 毫升)。

【物理性状】 乳白色乳剂。

【作用与用途】 用于预防鸡新城疫和由 H9 亚型禽流感病毒引起的禽流感。

【用法与用量】 颈部皮下或肌内注射。2 月龄以下鸡每只注射 0.3 毫升,2 月龄以上鸡每只注射 0.5 毫升。

【不良反应】 无明显不良反应。

【注意事项】 ①仅用于接种健康鸡。②本品严禁冻结。③如出现破损、异物或破乳分层等异常现象,切勿使用。④接种时,注射器具需经高压蒸汽或煮沸消毒,注射部位应用碘酊消毒。⑤用时摇匀,并使疫苗恢复至室温。疫苗瓶一旦开启,限当日用完。⑥一旦误将疫苗注射到人体内,应立即就医,并告知医生本品含有矿物油佐剂。⑦用过的疫苗瓶、器具、未用完的疫苗等应进行消毒处理,不能随意丢弃。

【贮藏与有效期】 在2℃~8℃条件下保存,有效期为18个月。

(14)鸡新城疫、传染性支气管炎二联灭活疫苗(La Sota株+M41株)

【主要成分】 疫苗中每毫升含鸡新城疫病毒(La Sota株)$\geqslant 2\times 10^8 EID_{50}$,含传染性支气管炎病毒(M41株)$\geqslant 2\times 10^6 EID_{50}$。

【物理性状】 乳白色乳剂。

【作用与用途】 用于预防鸡新城疫和鸡传染性支气管炎。

【用法与用量】 颈部皮下或肌内注射,3周龄以内的雏鸡每只注射0.3毫升,成鸡每只注射0.5毫升。

【不良反应】 无明显不良反应。

【注意事项】 ①仅用于接种健康鸡。②本品严禁冻结。如出现破损、异物或破乳分层等异常现象,切勿使用。③接种时,注射器具需经高压蒸汽或煮沸消毒,注射部位应用碘酊消毒。④用时摇匀,并使疫苗恢复至室温。疫苗瓶一旦开启,限当日用完。⑤屠宰前21天内禁止使用。⑥一旦误将疫苗注射到人体内,应立即就医,并告知医生本品含有矿物油佐剂。⑦剩余的疫苗及空瓶不能随意丢弃,须经加热或消毒灭菌后方可废弃。

【贮藏与有效期】 在2℃~8℃条件下保存,有效期为18个月。

(15)鸡新城疫、传染性法氏囊病二联灭活疫苗

【主要成分】 本品采用进口佐剂,每羽份疫苗中含有灭活的鸡新城疫病毒$10^8 EID_{50}$、传染性法氏囊病毒$10^7 TCID_{50}$(半数细胞

第三章 家禽常用疫苗的合理使用

培养感染量)。

【物理性状】 乳白色乳剂。

【作用与用途】 用于预防鸡新城疫和传染性法氏囊病。

【用法与用量】 颈部皮下或肌内注射。1~3周龄雏鸡每只注射0.25毫升,成鸡开产前2~4周接种,每只注射0.5毫升。

【不良反应】 一般无明显不良反应。

【注意事项】 ①本品用于接种健康鸡,体质瘦弱、患有其他疾病者,不应接种。②使用前应仔细检查疫苗,如发现破乳、疫苗中混有异物等情况时,不能使用。③使用前应先使疫苗恢复至常温并充分摇匀,启封后,限当日用完。④本品严禁冻结。⑤注射针头等用具,用前需消毒,注射部位应涂擦5%碘酊消毒。接种时,应严格执行无菌操作。⑥剩余疫苗、疫苗瓶及注射器具等应进行无害化处理后再废弃。

【贮藏与有效期】 在2℃~8℃条件下保存,有效期为12个月。

(16)鸡新城疫、病毒性关节炎二联灭活疫苗(La Sota株+AV2311株)

【主要成分】 疫苗中含有灭活的鸡新城疫病毒La Sota株和病毒性关节炎病毒AV2311株。灭活前每0.1毫升中含鸡新城疫病毒$\geqslant 10^{8.5}EID_{50}$,病毒性关节炎病毒$\geqslant 10^5 DELD_{50}$(鸭胚半数致死量)。

【物理性状】 乳白色乳剂。

【作用与用途】 用于预防鸡新城疫和病毒性关节炎。

【用法与用量】 肌内或颈部皮下注射。28日龄以内雏鸡,每只注射0.2毫升,免疫期为3个月;28日龄以上的鸡,每只注射0.5毫升,免疫期为6个月;种鸡开产前1个月左右免疫,每只注射0.5毫升,免疫期为4个月,其所产子代的被动免疫期为14日。

【不良反应】 一般无可见不良反应。

【注意事项】 ①本品不能冻结。使用前应仔细检查疫苗,如发现破乳、疫苗中混有其他异物等情况时,不能使用。②体质瘦弱、患有其他疾病的鸡,禁止使用。③使用前应将疫苗恢复至室温,并充分摇匀。④疫苗开启后,限当日用完。⑤接种时,应使用灭菌器械,及时更换针头,最好1只鸡用1根针头。⑥宰杀前28日内禁止使用本疫苗。⑦用过的疫苗瓶、剩余的疫苗、器具等污染物必须进行消毒处理。

【贮藏与有效期】 在2℃～8℃条件下保存,有效期为12个月。

(17)鸡新城疫、传染性支气管炎、产蛋下降综合征三联灭活疫苗(La Sota株＋M41株＋京911株)

【主要成分】 每毫升疫苗中含鸡新城疫病毒(La Sota株)$\geqslant 3\times 10^8 EID_{50}$,含传染性支气管炎病毒(M41株)$\geqslant 3\times 10^6 EID_{50}$,含产蛋下降综合征病毒(京911株)$\geqslant 3\times 10^7 EID_{50}$。

【物理性状】 乳白色乳剂。

【作用与用途】 用于预防鸡新城疫、传染性支气管炎和产蛋下降综合征。

【用法与用量】 颈部皮下或肌内注射。主要用于开产前期蛋鸡和种鸡的免疫,在鸡群开产前14～28天进行免疫,每只注射0.5毫升。

【不良反应】 无明显不良反应。

【注意事项】 ①仅用于接种健康鸡。②本品严禁冻结。如出现破损、异物或破乳分层等异常现象,切勿使用。③接种时,注射器具需经高压蒸汽或煮沸消毒,注射部位应用碘酊消毒。④用时摇匀,并使疫苗恢复至室温。疫苗瓶一旦开启,限当日用完。⑤屠宰前21天内禁止使用本品。⑥一旦误将疫苗注射到人体内,应立即就医,并告知医生本品含有矿物油佐剂。⑦剩余的疫苗及空瓶不能随意丢弃,须经加热或消毒灭菌后方可废弃。

【贮藏与有效期】 在2℃～8℃条件下保存,有效期为18个月。

(18)鸡新城疫、传染性支气管炎、产蛋下降综合征三联灭活疫苗(N79株+M41株+NE4株)

【主要成分】 疫苗中含灭活的鸡新城疫病毒N79株、传染性支气管炎病毒M41株和产蛋下降综合征病毒NE4株。灭活前的病毒含量为:新城疫病毒$\geqslant 10^{8.5} EID_{50}/0.1$毫升,传染性支气管炎病毒$\geqslant 10^{7} EID_{50}/0.1$毫升,产蛋下降综合征病毒$\geqslant 1:32\,768$。

【物理性状】 乳白色乳剂。

【作用与用途】 用于预防产蛋鸡新城疫、传染性支气管炎和产蛋下降综合征,免疫期为6个月。

【用法与用量】 颈部皮下或肌内注射。开产前1个月左右的产蛋鸡,每只注射0.5毫升。

【不良反应】 无明显不良反应。

【注意事项】 ①体质瘦弱、患有其他疫病的鸡禁止使用。②本品严禁冻结。如出现破损、异物或破乳分层等异常现象,切勿使用。③使用前,应将疫苗恢复至室温,并充分摇匀。④疫苗启封后,限当日用完。⑤注射器用前需经消毒,注射部位应用5%碘酊消毒。⑥剩余的疫苗及空瓶不能随意丢弃,须经加热或消毒灭菌后方可废弃。

【贮藏与有效期】 在2℃～8℃条件下保存,有效期为12个月。

(19)鸡新城疫、传染性支气管炎、禽流感(H9亚型)三联灭活疫苗(La Sota株+M41株+YBF003株)

【主要成分】 疫苗中含灭活的鸡新城疫病毒(灭活前含量$\geqslant 10^{9.5} EID_{50}$/毫升)、传染性支气管炎病毒(灭活前含量$\geqslant 10^{7.5} EID_{50}$/毫升)、H9亚型禽流感病毒(灭活前的病毒含量$\geqslant 10^{8.5} EID_{50}$/毫升)。

【物理性状】 本品为乳白色乳剂。

【作用与用途】 用于预防产蛋鸡新城疫、传染性支气管炎和H9亚型禽流感病毒引起的禽流感，接种后21天产生免疫力，免疫期为6个月。

【用法与用量】 颈部皮下或肌内注射。雏鸡7～14日龄接种，每只注射0.3毫升；成鸡开产前7～14天接种，每只注射0.5毫升。

【不良反应】 无明显不良反应。

【注意事项】 ①本疫苗免疫前或免疫同时应用新城疫、鸡传染性支气管炎弱毒活疫苗做基础免疫。②体质瘦弱、患有其他疫病的鸡，禁止使用。③应仔细检查疫苗，如发现破乳、疫苗中混有异物等情况时，不能使用。④使用前应先使疫苗恢复至常温，并充分摇匀。⑤疫苗启封后，限当日用完。⑥本品不能冻结。⑦注射器用前需经消毒，注射部位应用5％碘酊消毒。⑧剩余的疫苗及空瓶不能随意丢弃，须经加热或消毒灭菌后方可废弃。

【贮藏与有效期】 在2℃～8℃条件下保存，有效期为12个月。

(20)鸡新城疫、传染性支气管炎、禽流感(H9亚型)、传染性法氏囊病四联灭活疫苗(La Sota株＋M41株＋YBF003株＋S-VP2蛋白)

【主要成分】 本品含有灭活的鸡新城疫病毒La Sota株，灭活前病毒含量不低于$10^{10}EID_{50}$/毫升；传染性支气管炎病毒M41株，灭活前病毒含量不低于$10^{8}EID_{50}$/毫升；H9亚型禽流感病毒YBF003株，灭活前病毒含量不低于$10^{9}EID_{50}$/毫升；传染性法氏囊病毒VP2蛋白，琼脂效价不低于1：64。

【物理性状】 乳白色乳剂，剂型为油包水型。

【作用与用途】 用于预防鸡新城疫、传染性支气管炎、H9亚型禽流感、传染性法氏囊病。接种后21天产生免疫力。雏鸡免疫期为4个月,成鸡免疫期为6个月。

【用法与用量】 肌内或颈部皮下注射。7~14日龄雏鸡,每只注射0.3毫升;14日龄以上鸡,每只注射0.5毫升。

【不良反应】 一般无明显不良反应。

【注意事项】 ①该疫苗免疫前应用鸡新城疫、传染性支气管炎活疫苗做基础免疫。②体质瘦弱、患有疾病的鸡禁止使用。③疫苗使用前,应仔细检查,如发现破乳、疫苗中混有杂质等,不能使用。④使用前应将疫苗恢复至室温,并充分摇匀。疫苗启封后,限当日用完。⑤本品严禁冻结。⑥注射器具用前需进行消毒,注射部位应涂擦碘酊消毒。⑦用过的疫苗瓶、器具和剩余的疫苗及空瓶不能随意丢弃,须经无害化处理后方可废弃。

【贮藏与有效期】 在2℃~8℃条件下保存,有效期为24个月。

(21)新城疫、鸡传染性法氏囊病、传染性支气管炎、病毒性关节炎四联灭活疫苗

【主要成分】 本品系用鸡传染性法氏囊病毒Baxendale标准株和Maryland变异株,分别接种鸡胚成纤维细胞培养,收获感染病毒液;用鸡传染性法氏囊病毒Delaware 1084A变异株,接种易感鸡胚培养,收获感染鸡胚和膜,制成混悬液;用鸡传染性法氏囊病毒Delaware 1084E变异株,接种易感鸡培养,收获感染法氏囊,制成混悬液;用鸡新城疫病毒弱毒La Sota株、鸡传染性支气管炎病毒Mass型Dg株和Ark.型3168株,分别接种易感鸡胚培养,收获感染鸡胚液;用呼肠孤病毒1733株和S1133株,分别接种易感鸡胚或鸡胚成纤维细胞培养,收获感染培养物,制成混悬液,分别经甲醛灭活后,按比例浓缩混合,加油佐剂混合乳化制成。用于预防鸡传染性法氏囊病、新城疫、传染性支气管炎和呼肠孤病毒感染。灭活前,每羽份疫苗中含传染性法氏囊病毒Baxendale标准株至少$1.5×10^6$ $TCID_{50}$、Maryland变异株至少$6.8×10^5$ $TCID_{50}$、

Delaware 1084A 变异株至少 $7.5×10^3$ EID_{50}、Delaware 1084E 变异株至少 10^2 EID_{50}，鸡新城疫病毒 La Sota 株至少 $5×10^7$ EID_{50}，传染性支气管炎病毒 Mass 型 Dg 株至少 $7.8×10^6$ EID_{50}、Ark. 型 3168 株至少 $8.8×10^6$ EID_{50}，呼肠孤病毒 1733 株至少 $6.3×10^5$ $TCID_{50}$、S1133 株至少 $2×10^6$ $TCID_{50}$。

【物理性状】 乳白色乳剂。

【作用与用途】 用于预防种鸡和后备种鸡的传染性法氏囊病、传染性支气管炎、新城疫和呼肠孤病毒感染。

【用法与用量】 颈下部皮下注射，每只注射 0.5 毫升。用于在 10～14 日龄和 12 周龄时首次接种过鸡新城疫、传染性支气管炎活疫苗，7 日龄和 12 周龄时首次接种过病毒性关节炎活疫苗，21 日龄和 12 周龄时接种过传染性法氏囊病活疫苗的 16～20 周龄种鸡和后备种鸡以及产蛋高峰后种鸡的加强免疫。若鸡在翌年继续饲养，在换羽期再进行 1 次加强免疫。

【不良反应】 一般无可见不良反应。

【注意事项】 ①使用前应将疫苗放至室温。②使用前及使用中均须充分摇匀疫苗。③疫苗瓶开封后应一次用完。④屠宰前 42 天内禁止使用。⑤如果不小心将疫苗注入人体，应立即就医。⑥疫苗不得冻结。⑦用过的疫苗瓶、未用完的疫苗应进行消毒处理。

【贮藏与有效期】 在 2℃～8℃ 条件下保存，有效期为 24 个月。

2. 导致新城疫免疫失败的原因分析 为了有效地防治新城疫，免疫接种是必需的，但不等于一次免疫就可高枕无忧，引起新城疫免疫失败的原因是多方面的，其原因主要有以下几个方面。

一是疫苗的质量差和不正确使用。合格的疫苗是免疫成功的先决条件，在选用疫苗进行免疫时，一定要确保疫苗的质量。新城疫Ⅰ系疫苗通常用于日龄较大且经过基础免疫的鸡群，如果用在

第三章 家禽常用疫苗的合理使用

日龄较小特别是缺乏母源抗体或没有进行过基础免疫的鸡只时，则会出现明显的呼吸道症状，有的可见神经症状，表现为食欲降低或废绝，严重的出现死亡。因此，疫苗使用过程中应注意疫苗的种类、使用方法，严禁错误地使用疫苗。

二是免疫程序不合理，不符合当地实际情况。

三是接种剂量不足。疫苗接种剂量不足也是导致新城疫发病的原因之一。例如，雏鸡在 7 日龄注射 0.2 毫升油苗，结果鸡群往往在 30~40 日龄发病，主要是免疫剂量不足，同时雏鸡免疫系统不完善，较小的免疫剂量不能刺激机体产生足够的保护性抗体。又如，饮水免疫时有的鸡喝水少，有的鸡甚至喝不到水，这些鸡都不能产生足够的抗体。

四是应激因素和免疫抑制因素普遍存在。免疫抑制性疾病如马立克氏病、传染性法氏囊病、传染性贫血、球虫病等都会引起鸡群的免疫抑制，同时也不能忽略免疫抑制因素的普遍存在。例如，饲养密度过大、通风不良、天气忽冷忽热等，都会影响到疫苗的免疫效果。

五是药物干扰，各养殖场按防疫的要求，在定期开展消毒及预防性投药，但当进行免疫实施时，应慎重考虑，进行细菌活疫苗免疫时，禁止投喂任何抗菌药物，免疫接种病毒活疫苗时，禁止投喂抗病毒类的中草药或化学药，且活苗免疫当天及前、后 1 天不能做带鸡消毒。

六是母源抗体的干扰。由于初生雏鸡都有一定数量从种鸡那里得到的母源抗体，存在于卵黄囊中，如果免疫过早，母源抗体和疫苗抗原就会相互中和，减少了疫苗中的抗原量，从而大大减弱了初生雏鸡的免疫力，使鸡新城疫病毒容易侵入，引起发病。

七是环境污染严重。随着规模养鸡业的快速发展，鸡的养殖密度不断增大，很多养殖户不注意环境卫生消毒，粪便随意堆放及病死鸡处理不当，散播病毒，造成一家发病户户发病的现象。目前许多养殖场、养殖小区的环境污染已达到非常严重的程度,这些地方因新城疫病毒多年积累已成为高污染区。在这种高污染区,即使小型鸡饲养管理好,免疫也好,仍有被感染导致发病的危险。

八是饲养管理水平很差,鸡群体质弱,增大了对新城疫的易感性。现在很多养殖场,不同日龄、多批次的鸡群混养,鸡群密度大,通风不良,冬季因冷应激易发生呼吸道病,夏季因热应激造成腹泻严重,同时由于饲料成本高,很多养殖场(户)降低饲料的营养价值,从而造成鸡群体质下降,降低了对新城疫病毒的抵抗力,使新城疫的发病率大大提高。

综上所述,提高鸡群的免疫力,不仅要注重疫苗的质量,还必须把饲养管理与免疫消毒密切结合,树立综合防治的观念。

(二)禽流感疫苗

禽流感(Bird flu 或 Avian Influenza)是由禽流感病毒(AIV)引起的一种主要流行于鸡群中的烈性传染病。高致病力毒株可致禽类突发死亡,是国际兽疫局规定的 A 类疫病,也能感染人。禽流感的发病率和死亡率差异很大,取决于禽类种别和病毒毒株以及年龄、环境和并发感染等,通常情况为高发病率和低死亡率。在高致病力病毒感染时,发病率和死亡率可达 100%。本病可通过消化道、呼吸道、皮肤损伤和眼结膜等多种途径传播,区域间的人员和车辆往来是传播本病的重要途径。

迄今所有的高致病性禽流感都是由 A 型流感病毒 H5 或 H7 亚型引起的,虽然目前亚洲及我国暴发的禽流感多是 H5 亚型,但仅仅使用 H5 亚型疫苗也不能保证万无一失。一种亚型的疫苗只对一种亚型病毒所致的疾病有效。最近在美国就出现了 H7 亚型的禽流感,因此我们必须认真对待。另外,尽管在实验室疫苗的保护率很高,但在野外,各种因素如疫苗的保存运输情况、注射质量、动物品种及其他病原疾病都会影响疫苗的免疫效果,任何疫苗都不可能获得100％的免疫保护,而且疫苗免疫尚不能完全清除禽体带毒问题。因此,疫苗免疫只是权宜之计,要从根本上解决问题,还是要应用生物安全等综合措施彻底消灭高致病性禽流感病毒,才能最终根除本病。禽流感病毒有16种(H1～H16)血凝素亚型,各亚型之间没有交叉免疫保护作用。目前,我国流行的主要是H5和H9亚型禽流感,但H5亚型禽流感致死率高、危害大,是我们预防的重点。对于产蛋鸡来说,则H9亚型禽流感病毒也需要预防,以减少或避免H9亚型禽流感病毒致使产蛋量下降。

1. 正确识别禽流感疫苗的防伪标志 目前经农业部正式批准的禽流感疫苗定点生产企业共有9家,分别是哈尔滨维科生物技术开发公司、乾元浩生物股份有限公司郑州生物药厂、青岛易邦生物工程有限公司、广东永顺生物制药有限公司、肇庆大华农生物药品有限公司、辽宁益康生物药品厂、南京梅里亚动物保健有限公司、齐鲁动物保健品厂和成都精华生物制品有限公司。目前,禽流感疫苗大致可分为灭活苗和活疫苗2种。如H5N2禽流感灭活疫苗、H5/H9二价禽流感灭活疫苗、H5N1重组禽流感病毒灭活疫苗以及H5禽流感重组鸡痘病毒载体活疫苗等。

禽流感是国家强制免疫的动物疫病之一,其产品防伪标志是在日光、溴钨灯光下或顺着日光、灯光方向,目光与标签接近直角时观察,可见以下4个特征。

第一,圆形银色标志上蛇杖与天平的交叉点会呈现出一立体感极强的光柱,横向移动观察点,光柱会左右摆动。随着照明光源的增大,光柱的上端会越来越粗,直至成为一个扇形。

第二,在标志圆环下方边缘内排列了13个全息透镜(直径10毫米的标志为15个),在光线照明下有明显的立体感浮现在标志上。

第三,当标志上的全息图文信息全部显现出时,汉字、英文和中国地图为红色,蛇杖与天平呈黄色,2颗五角星显绿色,全息珍珠状透镜发白色光泽。

第四,标志圆环的背景采用散斑光刻形成明暗相间的渐开线弧形线,呈金属色泽,线条随标签横向移动而左右转动。

2. 禽流感疫苗的种类及合理使用

(1)禽流感 H5N2 亚型灭活疫苗

【主要成分】 疫苗中含有灭活的禽流感病毒 H5N2 亚型 N28 株,灭活前的病毒含量为$\geqslant 5\times 10^8 EID_{50}$/毫升。

【物理性状】 本品为乳白色均匀乳状液,呈油包水型,长时间静置后,上部有少量半透明油层(不超过 1/10),下层有微量水,但不应有分层与破乳现象。

【作用与用途】 用于预防 H5 亚型禽流感病毒引起的禽流感。适用于 2 周龄以上的鸡,接种后 14 天产生免疫力,免疫期为 4 个月。

【用法与用量】 本疫苗主要用于蛋鸡或种鸡的免疫。初次免疫的剂量为 0.3 毫升/只,采用颈背部中下 1/3 处皮下注射,以后每次免疫剂量为 0.5 毫升/只,采用胸部肌内或颈部皮下注射途径免疫。

【不良反应】 一般无可见不良反应。

【注意事项】 ①在运输过程中避免阳光直射。各地收到疫苗后应立即妥善保存,严禁冻结保存。②禽流感病毒感染鸡或健康状况异常的鸡切忌使用本品。③本品如出现破损、异物或破乳分层等异常现象,切勿使用。④本品严禁冷冻或过热。使用前应先使疫苗达到室温并充分摇匀。⑤接种时应及时更换针头,最好 1 只鸡用 1 根针头。⑥疫苗启用后,限 24 小时内用完。⑦屠宰前 28 天内禁止使用本品。⑧用过的疫苗瓶及器具等,应进行消毒处理,不可乱扔。

【贮藏与有效期】 2℃~8℃条件下保存,有效期为 12 个月。

(2) H5N1 重组禽流感病毒灭活疫苗(H5N1 亚型,Re-1 株)

【主要成分】 疫苗中含灭活的重组禽流感病毒 H5N1 亚型 Re-1 株,灭活前鸡胚液血凝(HA)效价均$\geqslant 8\log 2$。

【物理性状】 乳白色乳状剂。

【作用与用途】 用于预防由 H5 亚型禽流感病毒引起的鸡、鸭和鹅的禽流感。

【用法与用量】 颈部皮下或胸部肌内注射。2~5 周龄鸡,每只注射 0.3 毫升;5 周龄以上鸡,每只注射 0.5 毫升;5 周龄以上鹅每只注射 1.5 毫升。接种后 14 天开始产生免疫力。鸡免疫期为 6 个月;鸭、鹅首免 3 周后加强免疫 1 次,免疫期为 4 个月。

【不良反应】 一般无可见不良反应。

【注意事项】 ①禽流感病毒感染鸡或健康状况异常的禽禁用本品。②本品严禁冻结。③本品若出现破损、异物或破乳分层等异常现象,切勿使用。④使用前应将疫苗恢复至常温,并充分摇匀。⑤接种时应及时更换针头,最好 1 只禽 1 根针头。⑥疫苗启封后,限当日用完。⑦屠宰前 28 天内禁止使用本品。⑧在产蛋高峰期使用本品,会引起一过性产蛋下降,但短时间即可恢复。⑨剩余的疫苗及空瓶不能随意丢弃,须经加热或消毒灭菌后方可废弃。

【贮藏与有效期】 在 2℃~8℃ 条件下保存,有效期为 12 个月。

(3) 禽流感灭活疫苗(H9 亚型,SD696 株)

【主要成分】 本品含灭活的禽流感病毒 A/Chicken/Shandong/6/96(H9N2)株(简称 SD696 株),灭活前的病毒含量$\geqslant 5\times 10^8 EID_{50}$/毫升。

【物理性状】 乳白色乳状液。

【作用与用途】 用于预防 H9 亚型禽流感病毒引起的禽流感。接种后 14 天产生免疫力,免疫期为 5 个月。

【用法与用量】 颈部皮下或胸部肌内注射。2~5 周龄鸡每只注射 0.3 毫升；5 周龄以上鸡每只注射 0.5 毫升。

【不良反应】 一般无可见不良反应。

【注意事项】 ①禽流感病毒感染或健康状况异常的鸡忌用。②本品严禁冻结。③本品如出现破损、异物或破乳分层等异常现象切勿使用。④使用前应将疫苗恢复至常温并充分摇匀。⑤接种时应及时更换针头，最好 1 只鸡 1 根针头。⑥疫苗启封后，限 24 小时内用完。⑦屠宰前 28 天内禁止使用本品。⑧剩余的疫苗及空瓶不能随意丢弃，须经加热或消毒灭菌后方可废弃。

【贮藏与有效期】 在 2℃～8℃条件下保存，有效期为 1 年。

(4) 禽流感灭活疫苗(H9 亚型, SS 株)

【主要成分】 疫苗中含有灭活的禽流感病毒 H9 亚型 A/Chicken/Guangdong/SS/94(H9N2)株（简称 SS 株），灭活前的病毒含量 $\geqslant 5 \times 10^7 EID_{50}$/毫升。

【物理性状】 本品为乳白色乳剂。

【作用与用途】 用于预防由 H9 亚型禽流感病毒引起的禽流感。接种后 21 天产生免疫力，免疫期为 6 个月。

【用法与用量】 5～15 日龄鸡，每只皮下注射 0.25 毫升；15 日龄以上的鸡，每只肌内注射 0.5 毫升。

【不良反应】 接种后一般无不良反应，有的在接种后 1～2 天可能有减食现象，对产蛋鸡的产蛋率稍有影响，但几天内即可恢复。

【注意事项】 ①疫苗出现明显的水油分层后不能使用，应废弃。疫苗久置后，表面会有少量白油，经振荡混匀后不影响使用效果。②接种时应采取常规无菌操作。③疫苗瓶一旦开启，应于当日用完。④屠宰前 28 天内禁止使用。⑤用过的疫苗瓶、器具和未用完的疫苗等应进行消毒处理。

【贮藏与有效期】 在 2℃～8℃条件下保存，有效期为 1 年。

(5)禽流感(H5+H9)二价灭活疫苗(H5N1Re-5+H9N2Re-2株)

【主要成分】 疫苗中含灭活的重组禽流感病毒 H5N1 亚型 Re-5 株和 H9N2 亚型 Re-2 株,灭活前鸡胚液的血凝效价 $\geqslant 9\log2$。

【物理性状】 乳白色乳剂。

【作用与用途】 用于预防由 H5 和 H9 亚型禽流感病毒引起的禽流感,免疫期为 5 个月。

【用法与用量】 胸部肌内或颈部皮下注射。2~5 周龄鸡,每只注射 0.3 毫升;5 周龄以上鸡,每只注射 0.5 毫升。

【不良反应】 一般无可见不良反应。

【注意事项】 ①禽流感病毒感染鸡或健康状况异常的鸡切忌使用本品。②本品严禁冻结。③本品若出现破损、异物或破乳分层等异常现象,切勿使用。④使用前应将疫苗恢复至常温,并充分摇匀。⑤接种时应使用灭菌器械,及时更换针头,最好 1 只鸡 1 根针头。⑥疫苗启封后,限当日用完。⑦屠宰前 28 天内禁止使用本品。⑧剩余的疫苗及空瓶不能随意丢弃,须经加热或消毒灭菌后方可废弃。

【贮藏与有效期】 在 2℃~8℃条件下保存,有效期为 12 个月。

(6)禽流感 H5、H9 亚型二价灭活疫苗(D96+F 株)

【主要成分】 疫苗中含有灭活的 H5、H9 亚型禽流感病毒,灭活前的病毒含量均 $\geqslant 10^9 EID_{50}$/毫升。

【物理性状】 白色均质乳剂,剂型为油包水型。

【作用与用途】 用于预防 H5 和 H9 亚型禽流感病毒引起的禽流感。接种后 21 天产生免疫力。

【用法与用量】 肌内或颈部皮下注射。7~14 日龄鸡,每只注射 0.3 毫升,免疫期为 2 个月;21 日龄以上鸡,每只注射 0.5 毫升,免疫期为4个月。

【不良反应】 无可见不良反应。

【注意事项】 ①禽流感病毒感染鸡或健康状况异常的鸡切忌使用本品。②本品严禁冻结。③本品若出现破损、异物或破乳分层等异常现象,切勿使用。④使用前应将疫苗恢复至常温,并充分摇匀。⑤接种时应使用灭菌器械,及时更换针头,最好1只鸡1根针头。⑥疫苗启封后,限当日用完。⑦屠宰前28天内禁止使用本品。

【贮藏与有效期】 在2℃~8℃条件下保存,有效期为12个月。

(7)重组禽流感病毒H5亚型二价灭活疫苗(H5N1,Re-5株+Re-4株)

【主要成分】 疫苗中含灭活的重组禽流感病毒H5N1亚型Re-5株和Re-4株。灭活前Re-5株鸡胚液血凝效价≥9log2,Re-4株鸡胚液血凝效价≥8log2。

【物理性状】 乳白色乳剂。

【作用与用途】 用于预防由H5亚型禽流感病毒引起的禽流感。

【用法与用量】 胸部肌内或颈部皮下注射。2~5周龄鸡,每只注射0.3毫升;5周龄以上鸡,每只注射0.5毫升。

【不良反应】 一般无可见不良反应。

【注意事项】 ①本品严禁冻结。②本品若出现破损、异物或破乳分层等异常现象,切勿使用。③使用前应将疫苗恢复至常温,并充分摇匀。④接种时应使用灭菌器械,及时更换针头,最好1只鸡1根针头。⑤疫苗启封后,限当日用完。⑥屠宰前28天内禁止使用本品。⑦禽流感病毒感染鸡或健康状况异常的鸡切忌使用本品。⑧剩余的疫苗及空瓶不能随意丢弃,须经加热或消毒灭菌后方可废弃。

【贮藏与有效期】 在2℃~8℃条件下保存,有效期为12个月。

(8)禽流感灭活疫苗(H9亚型,SD696株)

【主要成分】 疫苗中含灭活的禽流感病毒A/Chicken/Shandong/6/96(H9N2)株(简称SD696株),灭活前的病毒含量不少于$5\times10^8 EID_{50}$/毫升。

【物理性状】 乳白色乳剂。

【作用与用途】 用于预防由H9亚型禽流感病毒引起的禽流感。接种后14天产生免疫力,免疫期为5个月。

【用法与用量】 颈部皮下或胸部肌内注射。2~5周龄鸡每只注射0.3毫升;5周龄以上鸡每只注射0.5毫升。

【不良反应】 一般无可见不良反应。

【注意事项】 ①禽流感病毒感染或健康状况异常的鸡忌用。②本品严禁冻结。③本品如出现破损、异物或破乳分层等异常现象切勿使用。④使用前应将疫苗恢复至常温并充分摇匀。⑤接种时应及时更换针头,最好1只鸡1根针头。⑥疫苗启封后,限24小时内用完。⑦屠宰前28天内禁止使用。⑧剩余的疫苗及空瓶不能随意丢弃,须经加热或消毒灭菌后方可废弃。

【贮藏与有效期】 在2℃~8℃条件下保存,有效期为12个月。

(9)禽流感灭活疫苗(H9亚型,F株)

【主要成分】 含灭活的禽流感病毒(H9亚型),灭活前病毒滴度至少$10^8 ELD_{50}$/毫升。

【物理性状】 本品为乳白色乳剂。

【作用与用途】 用于预防由H9亚型禽流感病毒引起的禽流感。

【用法与用量】 2周龄以内雏鸡,颈部皮下注射0.2毫升;2周龄至2月龄鸡,颈部皮下注射0.3毫升;2月龄以上鸡,颈部皮下或肌内注射 0.5 毫升。肉鸡一般 5～10 日龄接种 1 次即可。种鸡和蛋鸡在开产前 2～3 周皮下或肌内注射 0.5 毫升,在高发病地区,产蛋中后期需加强免疫 1 次。

【不良反应】 接种后,个别鸡可能会出现应激反应。

【注意事项】 ①在使用前应仔细检查,如发现无瓶签、疫苗中混有杂质或疫苗的油相和水相严重分层等情况,均应废弃。②在保存期间应尽量避免摇动。③注射疫苗用的针头和注射器等用具,用前需经高压蒸汽或煮沸消毒。④一旦误将疫苗注入人体内,应立即就医。⑤用过的疫苗瓶和开瓶未用完的疫苗等应高压或焚烧处理,不能随意丢弃。

【贮藏及有效期】 在 2℃～8℃ 条件下保存,有效期为 12 个月。

(10) 禽流感重组鸡痘病毒载体活疫苗(H5 亚型)

【主要成分】 本品含能表达 H5 亚型禽流感病毒血凝素和神经氨酸酶的重组鸡痘病毒。每羽份病毒含量不少于 2×10^3 PFU(空斑形成单位)。

【物理性状】 淡黄色或微红色海绵状疏松团块,加稀释液后迅速溶解。

【作用与用途】 用于预防由 H5 亚型禽流感病毒引起的禽流感。

【用法与用量】 用灭菌生理盐水稀释疫苗(1 000 羽份/瓶稀释成 50 毫升,500 羽份/瓶稀释成 25 毫升),翅膀内侧无血管处皮下刺种 2 周龄以上鸡,每只 0.05 毫升,免疫期为 9 个月。

【不良反应】 一般无可见不良反应。

【注意事项】 ①本品仅用于接种健康鸡,体质瘦弱等状态不良的鸡不能使用,否则影响免疫效果。②接种过鸡痘疫苗的鸡可在 4 周后接种本疫苗,或者同时接种鸡痘苗和本疫苗,在鸡的 2 个翅膀无血管处各注射 1 针,不影响疫苗的免疫效果。③接种 3 天后,注射部位可能会出现轻微肿胀,一般在2周内完全消失。④运输和使用时应避免日光和热的影响。⑤疫苗瓶破损、有异物和无瓶签的疫苗不能使用。⑥疫苗应现用现配,稀释后的疫苗限当日用完。⑦禁止疫苗与消毒剂接触。⑧使用过的器具应进行消毒。⑨剩余的疫苗及空瓶不能随意丢弃,须经加热或消毒灭菌后方可废弃。

【贮藏与有效期】 在-15℃条件下保存,有效期为2年。

(11)禽流感、新城疫重组二联活疫苗(rL H5-5株)

【主要成分】 疫苗中含禽流感重组新城疫病毒(rL H5-5株)不少于$10^6 EID_{50}$/羽份。

【物理性状】 微黄色海绵状疏松团块,易与瓶壁脱离,加稀释液后迅速溶解。

【作用与用途】 用于预防鸡的H5亚型禽流感和新城疫。

【用法与用量】 点眼、滴鼻、肌内注射或饮水免疫。首免建议用点眼、滴鼻或肌内注射,按瓶签注明的羽份,用生理盐水或其他稀释液适当稀释。每只点眼、滴鼻接种0.05毫升(含1羽份)或腿部肌内注射0.2毫升(含1羽份)。二免后加强免疫,如采用饮水免疫途径,剂量应加倍。

【不良反应】 一般无可见不良反应。

【注意事项】 ①保存与运输时应低温、避光;疫苗稀释后,放冷暗处,应在2小时内用完,且不能与任何消毒剂接触;剩余的稀释疫苗消毒后废弃。②点眼、滴鼻免疫时应确保足够1羽份疫苗液被吸收;肌内注射免疫应采用7号以下规格针头,以免针头拔出时液体流出;饮水免疫时,忌用金属容器,饮用前应至少停水4小时。③被免疫雏鸡应处于健康状态。如不能确保上呼吸道及消化道黏膜无其他病原感染或炎症反应,应在点眼或滴鼻免疫同时采用肌内注射免疫,每只鸡接种总量为1羽份。④本疫苗接种之前及接种后2周内,应绝对避免其他任何形式新城疫疫苗的使用;与鸡传染性法氏囊病、传染性支气管炎等其他活疫苗的使用应相隔5~7天,以免影响免疫效果。⑤应在当地兽医正确指导下使用。⑥剩余的疫苗及空瓶不能随意丢弃,须经加热或消毒水消毒后方可废弃。

【贮藏与有效期】 在-20℃以下保存,有效期暂定为12个月。

2. 导致禽流感免疫失败的原因分析 防治禽流感的有效途径是给禽类接种疫苗,但免疫过程中常常造成免疫失败,其主要原因有以下几个方面。

(1)疫苗因素 包括疫苗的质量、疫苗的保存、疫苗的稀释方法、首次免疫时间的选择、不同种疫苗间的干扰、免疫接种的方法选择等,都会影响到疫苗的免疫效果。

(2)鸡群机体状态 包括遗传因素的影响(不同品种的鸡群对疫苗的免疫反应不同)、母源抗体的干扰、鸡群的营养状况和健康程度等,这些都会影响到免疫的效果,会明显抑制免疫反应。

(3)疾病因素 禽流感病毒具有多个血清型,鸡场感染的血清型若与使用的疫苗血清型不同,则会导致免疫失败;鸡场中如果存在免疫抑制性疾病如马立克氏病、淋巴细胞白血病等,或野毒早期感染及强毒株感染,都会导致免疫失败。

(4)免疫程序不合理 鸡场应根据当地鸡病流行规律和本场实际情况制定出合理的免疫程序。

(5)其他因素 如饲养管理不当、化学和物理因素影响、滥用药物及器械和用具没有消毒或消毒不彻底等,均会导致免疫失败。

(三)传染性法氏囊病疫苗

鸡传染性法氏囊病(Infectious bursal disease,IBD)又称鸡传染性腔上囊病,是由传染性法氏囊病毒引起的鸡的一种急性、接触传染性疾病。以法氏囊发炎、坏死、萎缩和法氏囊内淋巴细胞严重受损为特征,引起鸡的免疫功能障碍,干扰各种疫苗的免疫效果。发病率高,几乎达100%,死亡率低,一般为5%~15%,是目前养禽业最重要的疾病之一。

1. 传染性法氏囊病疫苗的种类及应用 传染性法氏囊病疫苗主要有灭活疫苗和活疫苗2种,其中活疫苗根据毒力及使用后对法氏囊的损失程度,可将其分为两类,一类是弱毒株,对易感鸡的致病力大大减弱,对法氏囊没有损伤,易受母源抗体的干扰,可用于1日龄首免。另一类是中等毒力株,这种疫苗在母源抗体存在下,能突破较高母源抗体的干扰,在敏感鸡体内增殖,对法氏囊有轻度可逆性的损伤,主要应用于疫病多发地区。低毒型(温和型)如 D78、PBG98、LKT、LZD228、K 株、IZ 株等;中毒型如 B87、BJ836、S706、Lukert、Cu-1M、B2 等;高毒型如初代次 2512、J-1、MS、BV 等,在使用时要根据鸡场的实际情况选择适合的疫苗。

(1)鸡传染性法氏囊病灭活疫苗(G株)

【主要成分】 疫苗含鸡传染性法氏囊病 G 株病毒,灭活前每毫升培养液病毒含量不少于 10^8 PFU。

【物理性状】 乳白色乳状液。

【作用与用途】 用于预防鸡传染性法氏囊病。接种后14天产生免疫力,免疫期为6个月。种鸡免疫可以通过母源抗体保护14日龄内的雏鸡,使其免受感染。

【用法与用量】 雏鸡颈部皮下或成鸡胸部肌内注射。10~14日龄雏鸡每只注射0.3毫升,18~20周龄鸡每只注射0.5毫升。

【不良反应】 一般无可见不良反应。

【注意事项】 ①注射器具应无菌。②本品严禁冻结。③若疫苗上层有少量澄清液体,需摇匀后使用;如出现破损、异物或破乳分层等异常现象,切勿使用。④使用前应将疫苗恢复至常温并充分摇匀。⑤接种时应及时更换针头,最好1只鸡1根针头。⑥疫苗启封后,限当日用完。⑦屠宰前28天内禁止使用。⑧剩余的疫苗及空瓶不能随意丢弃,须经加热或消毒灭菌后方可废弃。

【贮藏与有效期】 在2℃～8℃条件下保存,有效期为1年。

(2)鸡传染性法氏囊病耐热保护性活疫苗(中等毒力B87株)

【主要成分】 本品系用SPF鸡胚生产。疫苗中含鸡传染性法氏囊病毒中等毒力B87株,每羽份病毒含量≥10^3ELD$_{50}$。

【物理性状】 微红色海绵状疏松团块,易与瓶壁脱离,加稀释液后迅速溶解。

【作用与用途】 用于预防雏鸡的传染性法氏囊病。

【用法与用量】 可用于各品种雏鸡。依据母源抗体水平,宜在14～28日龄时使用。按瓶签注明的羽份,可采用点眼、口服、注射等途径接种。

【不良反应】 一般无可见不良反应。

【注意事项】 ①免疫对象必须为健康雏鸡。②饮水免疫时,水中不应含氯等消毒剂,饮水要清洁,忌用金属容器。③饮水接种前,应视地区、季节、饲料等情况停水4～8小时。饮水器应置于不受日光照射的凉爽地方,且应在1小时内饮完。④注射接种时,应做局部消毒处理。⑤严防散毒,用过的疫苗瓶、器具和稀释后剩余的疫苗等应进行消毒处理。⑥剩余的疫苗及空瓶不能随意丢弃,须经加热或消毒灭菌后方可废弃。

【贮藏与有效期】 在2℃～8℃条件下保存,有效期为24个月。

(3)鸡传染性法氏囊病中等毒力活疫苗(NF8株)

【主要成分】 含鸡传染性法氏囊病毒(NF8株)至少10^3ELD$_{50}$/羽份。

【物理性状】 本品为淡红色或淡黄色疏松团块,易与瓶壁脱离,加稀释液后迅速溶解。

【作用与用途】 用于预防鸡传染性法氏囊病。

【用法与用量】 本疫苗可供各品种雏鸡使用。按瓶签注明羽

第三章 家禽常用疫苗的合理使用

份,用灭菌生理盐水或蒸馏水适当稀释后,可采用点眼、滴鼻、饮水等途径进行接种。点眼、滴鼻接种:按瓶签注明羽份,用灭菌生理盐水或蒸馏水适当稀释,用滴管吸取疫苗,每只鸡点眼、滴鼻接种1滴(约0.03毫升)。饮水接种:按瓶签注明羽份,用灭菌生理盐水或蒸馏水稀释(如能加入1%~2%脱脂鲜牛奶或0.1%~0.2%脱脂奶粉,则免疫效果更佳),每只鸡2羽份。免疫程序应视雏鸡母源抗体水平而定,当母源抗体琼脂扩散试验(AGP)阳性率低于50%或母源抗体水平不明时,首免可在10~14日龄进行,二免在首免7~14天后进行;当母源抗体琼脂扩散试验阳性率高于50%时,首免宜在18~21时龄进行,二免在首免7~14天后进行;在本病疫区和受威胁区,根据实际情况,首免时间可稍提前。

【不良反应】 一般无可见不良反应。

【注意事项】 ①本品在运输和使用时,必须放在装有冰块的冷藏容器内,严禁阳光照射。②本品在使用前应仔细检查,如发现玻瓶破裂、没有瓶签或瓶签不清楚、疫苗中混有杂质、已过有效期或未在规定条件下保存的,均不能使用。③在接种本品前,应了解当地是否有疫病流行。被接种的鸡群应健康,患病鸡群不可使用本疫苗。④本品可供接种有母源抗体或无母源抗体的雏鸡。在无母源抗体的鸡群中使用时,首次接种时间应在10日龄以上。⑤稀释和接种的用具和接种后剩余的疫苗、空瓶等应进行消毒。⑥饮水接种前,应视地区、季节、饲料等情况停水4~8小时。稀释后的疫苗应在1小时内饮完。⑦饮水接种时所用的饮水器应清洁,所用的水不得含有游离氯或其他消毒剂。

【贮藏与有效期】 在-15℃以下保存,有效期为18个月。

(4)鸡传染性法氏囊病活疫苗(LC75)

【主要成分】 每羽份疫苗中含鸡传染性法氏囊病 LC75 株至少为 $10^3 EID_{50}$。

【物理性状】 淡黄色海绵状疏松团块,易与瓶壁脱离,加稀释液后迅速溶解。

【作用与用途】 用于预防鸡传染性法氏囊病。

【用法与用量】 用于14日龄鸡饮水接种。将1000羽份疫苗稀释于15升饮水中,持续搅拌直至溶解后,用于接种1000只雏鸡。雏鸡也可在7日龄时进行接种,但一般情况下应在14日龄时首免,可在4周龄时加强免疫。

【不良反应】 一般无可见不良反应。

【注意事项】 ①疫苗稀释后,应立即使用。②最好在稀释后的疫苗液中加入0.2%脱脂奶粉。③接种前,应对鸡群停水约2小时。④避免日光直接照射。⑤注意避免疫苗接触人眼。⑥使用过的疫苗瓶和未用完的疫苗液应进行消毒处理。

【贮藏与有效期】 在2℃～8℃条件下保存,有效期为36个月。

(5)鸡传染性法氏囊病活疫苗(Gt株)

【主要成分】 疫苗中含鸡传染性法氏囊病毒Gt株,每羽份病毒含量不少于4×10^5PFU。

【物理性状】 淡黄色海绵状疏松团块,易与瓶壁脱离,加稀释液后迅速溶解。

【作用与用途】 用于预防鸡传染性法氏囊病。

【用法与用量】 按瓶签注明羽份,用生理盐水或其他适宜稀释液稀释。每只点眼或滴鼻接种0.03～0.05毫升,饮水免疫时剂量应加倍。

【不良反应】 一般无可见不良反应。

【注意事项】 ①疫苗为淡黄色疏松块状,若出现失真空、变色等现象则不能使用。②饮水免疫接种前,鸡群停止饮水2小时。③稀释液应用灭菌生理盐水或灭菌蒸馏水;饮水免疫时,应注意饮水槽的消毒与清洁,忌用金属容器。④疫苗运输与保存时,应注意冷藏。⑤剩余的疫苗及空瓶不能随意丢弃,须经加热或消毒灭菌

第三章 家禽常用疫苗的合理使用

后方可废弃。

【贮藏与有效期】 在-20℃以下保存,有效期为24个月。

(6)鸡传染性法氏囊病中等毒力活疫苗(CE319株)

【主要成分】 本疫苗为中等毒力,疫苗毒株是未经克隆的基础种毒,在鸡胚上繁育各代次工作种毒并用于生产疫苗。生产的疫苗和许多野毒的活性很接近。每羽份疫苗中含有鸡传染性法氏囊病毒(CE319株)不少于 10^2 PFU。

【物理性状】 淡黄色海绵状疏松团块,易与瓶壁脱离,加稀释液后迅速溶解。

【作用与用途】 用于预防鸡传染性法氏囊病。

【用法与用量】 本品可经饮水、喷雾或点眼免疫。1日龄没有可测母源抗体的雏鸡在10日龄免疫1羽份;有母源抗体的鸡免疫2羽份。首次免疫在10~14日龄进行,2~3周后进行二次免疫。

【不良反应】 一般无可见不良反应。

【注意事项】 ①疫苗为淡黄色疏松块状,若出现失真空、变色等现象则不能使用。②饮水免疫接种前,鸡群停止饮水2小时。③稀释液应用灭菌生理盐水或灭菌蒸馏水。饮水免疫时,应注意饮水槽的消毒与清洁,忌用金属容器。④疫苗运输与保存时,应注意冷藏。⑤用过的疫苗瓶、剩余的疫苗和使用后的器具应进行消毒处理。

【贮藏与有效期】 在-20℃以下保存,有效期为24个月。

(7)传染性法氏囊病基因工程亚单位疫苗

【主要成分】 含有大肠杆菌表达的鸡传染性法氏囊病毒VP2抗原,表达产物中的VP2琼脂扩散试验抗原效价≥1:16。

【物理性状】 乳白色乳剂。

【作用与用途】 用于预防鸡传染性法氏囊病。

【用法与用量】 颈背部皮下或肌内注射。7~21日龄雏鸡,每只注射 0.25 毫升,免疫保护期为 3 个月;种鸡,开产前 2 周接种,每只注射 0.5 毫升,免疫保护期为 6 个月。

【不良反应】 一般无明显不良反应。

【注意事项】 ①仅用于接种健康鸡。②疫苗瓶开封后,应当日用完。③用前应将疫苗升至室温,并充分摇匀。④疫苗勿冻结。⑤接种时,应执行常规无菌操作。⑥用过的疫苗瓶、剩余的疫苗、器具等不能随意丢弃,须经加热或消毒灭菌后方可废弃。

【贮藏与有效期】 在-20℃以下保存,有效期为 24 个月。

2. 导致鸡传染性法氏囊病免疫失败的原因分析 ①变异毒株(血清亚型)或超强毒株的存在使目前的商品疫苗对变异株不能提供足够的保护,其保护率仅达 10%～70%。超强毒株的毒力是标准病毒株的 2 倍以上,使鸡的发病率和死亡率明显上升,年龄较大的鸡,甚至 18 周龄以上的后备母鸡也能发病。抗原变异、毒力增强可能是引起免疫失败的重要原因之一。②母源抗体的影响,母源抗体水平不一致所孵出的雏鸡对疫苗接种的反应也就不同,特别是当种鸡在幼龄时患过法氏囊病,开产前接种灭活苗后所产生的抗体滴度就低。若接种时机不当(过早或过迟),母源抗体水平高或现场法氏囊病毒的侵袭均会影响免疫的效果。③商品疫苗株的选择不当、免疫操作的失误以及免疫程序不合理等也可造成免疫失败。④在其他应激因素如鸡新城疫Ⅰ系苗和喉气管炎疫苗的接种、天气变冷、迁栏、饲养密度过大等,或者在免疫抑制因素如马立克氏病病毒、鸡贫血因子、黄曲霉毒素等的影响下,常使传染性法氏囊病疫苗接种得不到应有的效果。

(四)马立克氏病疫苗

马立克氏病(Marek's disease,MD)又名神经淋巴瘤病(Neurolymphomatosis),是由马立克氏病毒引起的以危害淋巴系统和神经系统,引起外周神经、性腺、虹膜、各种内脏器官、肌肉和皮肤

第三章 家禽常用疫苗的合理使用

的单个或多个组织器官发生肿瘤为特征的禽类传染病,我国将其列为二类动物疫病。

目前,本病在世界各地均有分布,养禽业越发达的国家,本病发生越严重。马立克氏病疫苗在控制本病中起着关键作用,应按免疫程序预防接种马立克氏病疫苗,防止疫病发生。

1. 马立克氏病疫苗的种类及应用 马立克氏病毒分为3个血清型,血清Ⅰ型对鸡具有致病性和致瘤性;血清Ⅱ型对鸡无致病性和致瘤性,又称自然无毒力株;血清Ⅲ型,是火鸡的疱疹病毒(HVT)。3种血清型毒株既有特异性型抗原,又具有共同抗原,只能用单克隆抗体才能将这3种血清型毒株区分开来。马立克氏病疫苗免疫是以细胞免疫为主,体液免疫为辅。目前的疫苗都是活疫苗,通常有血清Ⅰ型疫苗,如减弱毒力株CV1-988和814株制备的疫苗;血清Ⅱ型疫苗,如SB-1株和301B/1株;血清Ⅲ型疫苗以及多价疫苗。

(1)鸡马立克氏病活疫苗(CVI 988/Rispens株)

【主要成分】 含鸡马立克氏病病毒CVI 988/Rispens株,每羽份至少含3 000PFU。

【物理性状】 本品为淡红色细胞悬液。

【作用与用途】 用于预防鸡马立克氏病。

【用法与用量】 按照瓶签注明羽份,用稀释液稀释,每只雏鸡肌内或皮下注射0.2毫升。

【不良反应】 一般无可见不良反应。

【注意事项】 ①操作人员戴上手套和面罩,以防损伤,打开液氮罐,将提筒垂直提至液氮罐颈部,迅速取出安瓿(每次只取出1只),立即将提筒放回罐内,提筒钩要复位,盖好罐塞。安瓿在液氮罐外空气中暴露的时间越短越好,最好不要超过10秒钟。②取出的安瓿应立即放入27℃~35℃温水中速融(不能超过60秒),疫苗一旦解冻就不能再放回液氮中。③取出疫苗安瓿,立即用挤干的酒精棉球消毒瓶颈,注意瓶上不能留有酒精液体。轻弹安瓿顶部(防止疫苗滞留在安瓿顶部),小心开瓶。用连接17号或13号针头的无菌注射器从安瓿中吸出疫苗,立即缓缓注入25℃左右的专用疫苗稀释液中,并用稀释液多次洗涤安瓿,避免疫苗损失,按瓶签注明的羽份,每只鸡皮下或腹腔内注射0.2毫升(1羽份)。稀释时间不超过30秒。④疫苗与稀释液混合后,随时旋转混匀,以免因细胞沉淀造成接种量不均匀。⑤疫苗必须现配现用,稀释后的疫苗应保持在25℃(±2℃)条件下,1小时内用完。⑥鸡马立克氏病活疫苗(CVI 988/Rispens株)是一种细胞结合性疫苗,必须在液氮中保存和运输。⑦疫苗应现配现用,稀释前必须先检查鸡马立克氏病活疫苗专用稀释液,如发现玻瓶破裂、瓶签不清、变色、有异物(长霉)及已过有效期等,均不能使用。⑧稀释液严禁冻结和暴晒,与疫苗混合前,稀释液应达到25℃(±2℃)。⑨在接种疫苗过程中,应避免注射器的连接管内有气泡或出现断液现象,以保证每只雏鸡的接种量准确。在接种本疫苗后的48小时内不得在同一部位注射抗生素或其他药物。⑩注射用具使用前应进行灭菌处理,以防微生物,特别是绿脓杆菌污染。⑪剩余的疫苗及空瓶不能随意丢弃,须经加热或消毒灭菌后方可废弃。

【贮藏与有效期】 在液氮中保存,有效期为24个月。

(2)鸡马立克氏病活疫苗(814株)

【主要成分】 系用鸡马立克氏病814弱毒株接种鸡胚成纤维细胞,经过培养加入适量保护剂后,经真空冻干制成。本品含鸡马立克氏病病毒814株,每羽份所含的蚀斑数应不低于2 000PFU。

【物理性状】 冰冻状态,融化后为淡红色悬浊液,加入稀释剂后即溶解成均匀的混悬液。

【作用与用途】 预防鸡马立克氏病。接种后8天产生免疫力,免疫保护期为18个月。

【用法与用量】 按标签注明羽份用专用稀释液稀释。本品专

第三章 家禽常用疫苗的合理使用

供 1 日龄雏鸡使用,每羽颈部皮下或肌内注射 0.2 毫升。

【不良反应】 对健康鸡群一般无不良反应。

【注意事项】 ①疫苗须在液氮中保存与运输,从液氮罐中取出疫苗安瓿时应注意人身保护,应戴手套及眼镜,右手用长镊子夹出安瓿迅速放入 38℃ 温水的罐内,同时左手用盖盖上罐口,防止万一安瓿炸裂玻片飞出,同时把夹住的安瓿在温水中轻轻摇动约 1 分钟,以达到速溶的目的。②稀释好的疫苗应注意避免日光照射,开启后 1 小时内用完。在免疫注射期间应常摇动疫苗瓶,使之均匀。③雏鸡舍在入雏前应彻底消毒。④液氮罐在保存期间应定期补足液氮,如发现液氮耗尽时,应将该罐保存的疫苗废弃。⑤剩余的疫苗及空瓶不能随意丢弃,须经加热或消毒灭菌后方可废弃。

【贮藏与有效期】 液氮中保存,有效期为 24 个月。

(3) 鸡马立克氏病火鸡疱疹病毒活疫苗

【主要成分】 本品含火鸡疱疹病毒 Fc-126 株,每羽份所含蚀斑数不低于 2 000PFU。

【物理性状】 本品为乳白色疏松团块,易与瓶壁脱离,加稀释液后迅速溶解。

【作用与用途】 用于预防鸡马立克氏病,适用于各品种的 1 日龄雏鸡。

【用法与用量】 肌内或颈部皮下注射,按瓶签注明羽份,加专用配套稀释液稀释,每只注射 0.2 毫升。取下疫苗瓶和稀释液瓶上的小铝盖,用酒精棉球擦拭瓶塞表面,待瓶塞表面酒精晾干后,将注射器针头插入稀释液瓶中,抽取 3 毫升稀释液注入疫苗瓶内。振摇疫苗瓶,直至疫苗成为混悬液,然后将混悬液抽至针筒内。将针筒内的混悬液注入稀释液瓶中,混合均匀后即可使用。

【不良反应】 一般无可见不良反应。

【注意事项】 ①本品在运输和使用时,若气温在 10℃ 以上,必须放在装有冰块的冷藏容器内,气温在 10℃ 以下可用普通包装运送;严禁阳光照射和接触高温,各单位收到疫苗后应立即冷冻保存。②本品在使用前应仔细检查,如发现玻瓶破裂,没有瓶签或瓶签不清楚,疫苗中混有杂质,已冻有效期或未在规定条件下保存者,均不能使用。③本品应随用随稀释,配制本品的专用稀释液用前应置于2℃～8℃冰箱或盛有冰块的容器中预冷,稀释后的疫苗应放于冷暗处,并限在1小时内用完。④本品配好后应轻轻摇动,充分混匀,但不要使溶液起泡,使用中每10分钟左右应将疫苗摇动1次,以使每只雏鸡得到准确的病毒粒子。⑤在已发生过马立克氏病的鸡场,雏鸡应在出壳后立即进行预防注射,注射前场地、鸡舍、工具应先清洁干净并彻底消毒,注射后的雏鸡应隔离饲养观察3周,并加强管理工作,防止通过饲料、空气、饮水等感染强毒。⑥接种用具用前须经高温灭菌,接种后剩余疫苗、空瓶、稀释液和接种用具等应进行消毒处理。⑦疫苗应在兽医的指导下正确使用。

【贮藏与有效期】 在-15℃以下保存,有效期为18个月。

(4)鸡马立克氏病二价苗(HVT+301B/1)

【主要成分】 本品含火鸡疱疹病毒Fc-126株与301B/1株。

【物理性状】 本品为乳白色疏松团块,易与瓶壁脱离,加稀释液后迅速溶解。

【作用与用途】 用于预防各品种1日龄雏鸡的马立克氏病。

【用法用量】 注射时,每瓶疫苗可溶解稀释于200毫升的专用稀释液中,健康鸡每只注射0.2毫升。

【注意事项】 ①本疫苗需使用专用稀释液稀释溶解混合后使用。②专用稀释液需在室温保存,不得冷藏,存放于荫凉处。③稀释液内勿添加任何抗生素或其他药物。④解冻后抽取疫苗时使用18号针头。注入稀释液后需再回抽冲洗疫苗玻璃瓶壁。⑤接种注射器可使用20～22号针头,每注射1 000～2 000只小鸡应更换1根针头。⑥器材使用后要煮沸消毒,勿用化学药品消毒。⑦1次溶解1支疫苗,稀释后需在1小时内使用完毕。⑧随时检查液氮罐中液氮的高度,任何时候液氮罐中液氮的高度不得低于10厘米,贮存、运送及操作时都必须小心谨慎。⑨雏鸡运抵商用鸡场后,1~14日龄务必严格隔离,育雏舍应与中、大鸡舍分开或远离。⑩剩余的疫苗及空瓶不能随意丢弃,须经加热或消毒灭菌后方可废弃。

【贮藏与有效期】 液氮中保存,有效期为24个月。

(5)鸡马立克氏病Ⅰ型+Ⅲ型二价活疫苗(CVI988+FC126株)

【主要成分】 采用低代次的马立克氏病Ⅰ型CVI988种毒和Ⅲ型FC126种毒分别生产,混合制成二价活疫苗。

【物理性状】 本品为乳白色疏松团块,易与瓶壁脱离,加稀释液后迅速溶解。

【作用与用途】 用于预防各品种1日龄雏鸡的马立克氏病。

【用法与用量】 按瓶签注明羽份用专用稀释液稀释,每只雏鸡肌内或皮下注射0.2毫升。

【不良反应】 一般无可见不良反应。

【注意事项】 ①工作人员需戴上手套和面罩,以防损伤。打开液氮罐,将提筒垂直提至液氮罐颈部,暴露出要取的安瓿并迅速取出(每次只取出1只),然后立即将提筒放回罐内,提筒钩要复位,盖好罐塞。取出的安瓿应立即放入27℃~35℃温水中速融(不能超过60秒),疫苗一旦解冻就不能再放回液氮中。②疫苗稀释时,取出疫苗安瓿,立即用挤干的酒精棉球消毒瓶颈,注意瓶上不能留有酒精液体,并轻弹安瓿顶部,防止疫苗滞留在安瓿顶部,小心开瓶。用稀释液多次洗涤安瓿,避免疫苗损失,稀释前必须先检查疫苗专用稀释液,如发现玻瓶破裂、瓶签不清、变色、有异物(长霉)及已过有效期等,均不能使用。疫苗稀释后应在1小时内用完。接种过程中应经常轻摇稀释的疫苗(避免产生泡沫),使细胞悬浮均匀。稀释液严禁冻结和暴晒,与疫苗混合前,稀释液应达到25℃(±2℃),稀释后应保持在该温度范围内,稀释时间不超过30秒。同时,禁止在稀释液中加入链生素、维生素、其他疫苗或药物。③在接种疫苗过程中,应避免注射器的连接管内有气泡或断液现象,以保证每只雏鸡的接种量准确。在接种本疫苗后48小时内不得在同一部位注射抗生素或其他药物。注射用具使用前应进行灭菌处理,以防微生物特别是绿脓杆菌污染。④疫苗注射1周后可产生免疫力,在疫苗产生免疫力之前应采取有效措施防止孵化室和育雏舍内发生早期强毒感染。⑤剩余的疫苗及空瓶不能随意丢弃,须经加热或消毒灭菌后方可废弃。

【贮藏与有效期】 液氮中保存,有效期为24个月。

2. 导致鸡马立克氏病免疫失败的原因分析 ①接种剂量不当。常用的商品疫苗要求每个剂量含1500~2000以上PFU,接种该剂量7天后产生免疫力。若疫苗贮藏过久或稀释不当、接种程序不合理或稀释好的冻干苗未在1小时内用完,均会导致雏鸡接受的疫苗剂量不足而引起免疫失败。②早期感染疫苗免疫后至少要经1周才能使雏鸡产生免疫力,而在接种后3天,雏鸡易感染马立克氏病并引起死亡,而且火鸡疱疹病毒疫苗不能阻止马立克氏病强毒株的感染。由此,改善卫生措施可以避免早期感染,但难以预防多种日龄混群的鸡群感染。③母源抗体的干扰。血清Ⅰ型、Ⅱ型、Ⅲ型疫苗病毒易受同源母源抗体干扰,细胞游离苗比细胞结合苗更易受影响,而对异源疫苗的干扰作用不明显。④超强毒株的存在。传统疫苗不能有效地抵抗马立克氏病超强毒株的攻击,从而引起免疫失败。⑤品种的遗传易感性。某些品种鸡对马立克氏病具有高度的遗传易感性,难以进行有效免疫,甚至免疫接种后仍然易感。⑥免疫抑制和应激感染鸡传染性法氏囊病毒、网状内皮组织增生症病毒、鸡传染性贫血病病毒等均可导致鸡对马立克氏病的免疫保护力下降,以及环境应激导致免疫抑制可能是引起马立克氏病疫苗免疫失败的原因。

总之,采用疫苗接种是控制本病的极重要的措施,但疫苗的保护率均不能达到100%,因此鸡群中仍有少量病例发生,故不能完全依赖疫苗接种,加强综合防疫措施是十分必要的。

(五)传染性支气管炎疫苗

鸡传染性支气管炎(Infectious bronchitis, IB)是由传染性支气管炎病毒引起的鸡的一种急性、高度接触性呼吸道和泌尿生殖道传染病。其临床特征是呼吸困难、发出啰音、咳嗽、张口呼吸、打喷嚏。由于呼吸道或肾脏感染造成的损失是感染雏鸡死亡的主要原因。产蛋鸡感染通常表现产蛋量降低,蛋品质下降。本病广泛流行于世界各地,是养鸡业的重要疫病。

1. 传染性支气管炎疫苗的种类及应用 传染性支气管炎病毒血清型众多,并且新的血清型和变异株不断出现,现已发现的血清型已超过30种,因此在疫苗接种方面必须选用合适的血清型疫苗株才能使本病得到有效的控制。本病根据病情分为呼吸型、肾型、肠型等多种。

目前,传染性支气管炎疫苗主要有H120株、H52株、Ma5株、M41株、28/86株、4/91株等,其中H120株、H52株、Ma5株、M41株均属于马萨诸塞型毒株。H120、H52株是我国引进的荷兰株,对我国流行的多数血清型传染性支气管炎病毒有较好的免疫效果,并对一些肾型病变株也有一定的交叉免疫,故成为我国使用最广的两个毒株。H120株疫苗毒力很弱,较为安全,可以用于1日龄以上雏鸡和产蛋鸡。H52株毒力较强,在生产实践中一般不用于雏鸡和产蛋鸡,主要用于60~120日龄鸡复免时使用。Ma5毒力相当于或低于H120株,既可以用于雏鸡又可以用于产蛋鸡。M41毒力较强,因许多国家和地区分离出来的毒株和M41株属同一血清型,所以M41株被广泛地用于灭活苗的生产。28/

86 毒株毒力低,可用于任何日龄的鸡,对肾型病变保护率较高,能有效抵御肾型传染性支气管炎强毒的攻击。4/91 株是用来预防鸡腺胃炎、肌肉病变、产蛋力下降、有呼吸道症状、腹泻问题的株变异性传染性支气管炎毒株。

(1)传染性支气管炎活疫苗(H52 株)

【主要成分】 疫苗中含鸡传染性支气管炎病毒 H52 株,每羽份病毒含量不少于 $10^{3.5}EID_{50}$。

【物理性状】 微黄色或微红色海绵状疏松团块,易与瓶壁脱离,加稀释液后迅速溶解。

【作用与用途】 用于预防鸡传染性支气管炎。免疫后 5~8 天产生免疫力,免疫期为 6 个月。

【用法与用量】 滴鼻或饮水接种。按瓶签注明羽份用生理盐水、蒸馏水或水质良好的冷开水稀释。滴鼻免疫每只约 0.03 毫升。饮水免疫剂量加倍,成鸡参考饮水量每羽份 20~30 毫升。

【不良反应】 一般无可见不良反应。

【注意事项】 ①本疫苗专供 1 月龄以上的鸡使用,初生雏鸡不能应用。②免疫鸡群应健康,体质良好。③滴鼻免疫应在 2 小时内用完;饮水免疫时忌用金属容器,饮水前至少停水 4 小时,并在 1 小时内饮完。④免疫前 24 小时,停止在饮水、饲料中使用任何抗病毒药物或消毒剂。⑤在已发病地区使用,应按紧急防疫处理。⑥疫苗运输、贮存时应保持低温并避光。⑦剩余的疫苗及空瓶不能随意丢弃,须经加热或消毒灭菌后废弃。

【贮藏与有效期】 在 −15℃以下保存,有效期为 12 个月。

(2)鸡传染性支气管炎活疫苗(H120 株)

【主要成分】 疫苗中含鸡传染性支气管炎病毒 H120 株,每羽份病毒含量不少于 $10^{3.5}EID_{50}$。

【物理性状】 微黄色或微红色海绵状疏松团块,易与瓶壁脱离,加稀释液后迅速溶解。

【作用与用途】 用于预防鸡传染性支气管炎。免疫后5~8天产生免疫力,免疫期为2个月。

【用法与用量】 滴鼻或饮水接种,按瓶签注明羽份用生理盐水、蒸馏水或水质良好的冷开水稀释。滴鼻免疫每只约0.03毫升。饮水免疫剂量加倍,参考饮水量5~10日龄鸡每羽份5~10毫升,20~30日龄鸡每羽份10~20毫升,成鸡每羽份20~30毫升。

【不良反应】 一般无可见不良反应。

【注意事项】 ①本疫苗不同品种雏鸡均可使用,雏鸡免疫后,1~2月龄时须用H52株疫苗进行加强免疫。②疫苗稀释后,应放于冷暗处,必须当日用完。③饮水免疫时忌用金属容器,饮水前至少停水4小时。④疫苗运输、贮存时应保持低温并避光。⑤剩余的疫苗及空瓶不能随意丢弃,须经加热或消毒灭菌后方可废弃。

【贮藏与有效期】 在-15℃以下保存,有效期为12个月。

(3)肾型传染性支气管炎弱毒疫苗

【主要成分】 采用肾型传染性支气管炎病毒28/86株、W93株或其他毒株,接种易感鸡胚或无特定病原鸡胚繁殖后,收获鸡胚绒毛尿囊液,加入适当稳定剂,经冷冻干燥制成。

【物理性状】 本品为淡白色或淡黄色海绵状疏松固体物,加入灭菌生理盐水或蒸馏水稀释后成为均匀的混悬液。

【作用与用途】 用于预防鸡传染性支气管炎,专用于预防肾型传染性支气管炎。

【用法与用量】 通常多使用滴鼻法或饮水法进行免疫接种,按瓶签说明剂量用不含氯离子等消毒剂的冷开水或蒸馏水将疫苗稀释后使用。滴鼻免疫每只鸡滴鼻约0.03毫升。饮水免疫时剂量加倍。饮用稀释的疫苗量为:5~10日龄每只5~10毫升,20~30日龄每只10~20毫升,成年鸡每只20~30毫升。

【不良反应】 一般无可见不良反应。

【注意事项】 ①免疫鸡群应健康,体质良好。②疫苗稀释后置于冷暗处。③滴鼻免疫应在 2 小时内用完;饮水免疫时忌用金属容器,饮水前至少停水 4 小时,并在 1 小时内饮完。④免疫前 24 小时禁止在饮水、饲料中使用任何抗病毒药物或消毒剂。⑤在已发病地区使用,应按紧急防疫处理。⑥疫苗运输、贮存时应保持低温并避光。⑦剩余的疫苗及空瓶不能随意丢弃,须经加热或消毒灭菌后方可废弃。

【贮藏与有效期】 本品应避光保存,在 2℃～7℃条件下保存,有效期为 6 个月;在 -15℃ 以下条件下保存,有效期为 18 个月。

(4)传染性支气管炎呼吸型与肾型双价弱毒疫苗

【主要成分】 本品是非致病性传染性支气管炎病毒接种易感鸡胚或无特定病原鸡胚繁殖后,收获鸡胚绒毛尿囊液,加入适当稳定剂,经冷冻干燥制成。其中包含肾型传染性支气管炎病毒 28/86 株和呼吸型传染性支气管炎病毒 H120 株。

【物理性状】 本品为淡白色或淡黄色海绵状疏松固体物,加入灭菌生理盐水或蒸馏水稀释后成为均匀的混悬液。

【作用与用途】 用于预防呼吸型和肾型传染性支气管炎,适用于各种雏鸡。

【用法与用量】 通常多使用滴鼻法或饮水法进行免疫接种,按瓶签说明剂量用不含氯离子等消毒剂的冷开水或蒸馏水将疫苗稀释后使用。滴鼻免疫每只鸡滴鼻约 0.03 毫升,饮水免疫时剂量加倍。饮用稀释的疫苗量为:5～10 日龄每只 5～10 毫升,20～30 日龄每只 10～20 毫升,成年鸡每只 20～30 毫升。

【不良反应】 一般无可见不良反应。

【注意事项】 ①免疫鸡群应健康,体质良好。②疫苗稀释后置于冷暗处。③滴鼻免疫应在 2 小时内用完;饮水免疫时忌用金属容器,饮水前至少停水 4 小时,并在 1 小时内饮完。④免疫前

24小时禁止在饮水、饲料中使用任何抗病毒药物或消毒剂。⑤在已发病地区使用,应按紧急防疫处理。⑥疫苗运输、贮存时应保持低温并避光。⑦剩余的疫苗及空瓶不能随意丢弃,须经加热或消毒灭菌后方可废弃。

【贮藏与有效期】 本品应避光保存,在2℃～7℃条件下保存,有效期为6个月;在－15℃以下条件下保存,有效期为18个月。

(5)鸡新城疫、传染性支气管炎二联活疫苗(La Sota株＋H52株) 见新城疫疫苗。

2. 导致传染性支气管炎免疫失败的原因分析 在疫苗接种时,由于传染性支气管炎病毒的致病性复杂、血清型多样,且不同血清型之间交叉保护性弱等特点,必须选用合适的血清型疫苗株才能有效地防治本病,否则常会导致免疫失败。因此,在实践中应注意选择本地的血清型,也可选用双价或多价疫苗。

另外,由于病毒株的不断变异,也会导致免疫失败的发生。近年来的研究表明,活疫苗的使用可能对传染性支气管炎病毒变异株的产生有促进作用,因此有些专家建议使用灭活疫苗。

(六)传染性喉气管炎疫苗

传染性喉气管炎(Infectious laryngotracheitis,ILT)是由传染性喉气管炎病毒(ILTV)引起的鸡的急性接触性呼吸道传染病,其特征是呼吸困难、气喘、咳嗽,并咳出血样分泌物。感染传染性喉气管炎的鸡,生长缓慢,发育不均,蛋鸡出现产蛋下降。本病严重流行时,发病率可达90%～100%,死亡率为5%～70%,康复鸡带毒可达2年。目前本病是严重威胁养鸡业的重要呼吸道传染病之一。

1. 传染性喉气管炎疫苗的种类及应用 目前使用的传染性喉气管炎疫苗是一种毒力稍强的疫苗,为了确保疫苗的免疫保护效果,必须用点眼或滴鼻方式接种。如用饮水免疫方式接种则完全无效,用喷雾方式接种则会引起副反应。喷雾接种的结果是因疫苗病毒会深入下呼吸道,迅速大量繁殖结果反而造成强毒侵袭。此外,在实际接种操作中常有遗漏未接种的鸡,这些鸡仍保持对传染性喉气管炎的易感性,从而可被接种鸡排出的病毒(因通过鸡呼吸道繁殖,其毒力比原来的减弱疫苗病毒更强)感染。加这些病毒传播到附近未接种免疫的鸡群,经多次传代后,其毒力返强,极易造成疾病的暴发。因此,除非本场有传染性喉气管炎存在时才使用疫苗,否则以不用为好。

(1)传染性喉气管炎活疫苗

【主要成分】 本品是将传染性喉气管炎弱毒株(A 96、K 317等)接种易感鸡胚或无特定病原鸡胚繁殖后,收获鸡胚绒毛尿囊膜,研碎后,加适当稳定剂,经冷冻真空干燥制成,每羽份含传染性喉气管炎病毒不少于 $10^{2.5}EID_{50}$。

【物理性状】 本品为淡黄色海绵状疏松团块,易与瓶壁脱离,加稀释液后迅速溶解。

【作用与用途】 用于预防鸡传染性喉气管炎。

【用法与用量】 适用于肉鸡、公鸡、蛋鸡和种鸡的首次接种和加强接种。将疫苗溶于适宜稀释液中,振摇,直至充分混匀,避免产生泡沫。每只鸡眼中滴 1 滴疫苗液,待溶液完全进入眼中(眨几次眼)后再松开。

【不良反应】 用鸡新城疫活疫苗或传染性支气管炎活疫苗接种 1~2 周后或在高浓度氨气及多尘环境中使用本品后,会引起严重反应。点眼接种后会引起炎症和结膜肿胀,这种反应可在 3~4 天消失。

【注意事项】 ①疫苗使用前应仔细检查,疫苗瓶破裂或标签已损坏的疫苗应弃掉不用。②仅用于接种健康鸡群。③接种时避免阳光直射疫苗。④一旦开瓶,必须立即使用,并在 2 小时内用完。⑤接种前 48 小时或接种后 24 小时内,不得饲喂含消毒剂的水。⑥接种后应对手和器械进行清洗和消毒。⑦接种本品后,可服用广谱高效的抗生素防止上呼吸道继发感染。⑧非疫区及 5 周龄以下鸡接种时,应先做小群试验,观察无严重反应时,再扩大使用。⑨有严重呼吸道病如传染性鼻炎、支原体病的鸡群,不宜使用本疫苗。⑩在应用疫苗免疫的同时,必须注意采取严格有效的生物安全措施,千万不要将未接种此疫苗的鸡和已接种此疫苗的鸡混群饲养。⑪疫苗瓶、包装和剩余的疫苗必须烧毁、煮沸或浸泡在消毒剂溶液中至少 30 分钟。

【贮藏与有效期】 在 -15 ℃以下保存,有效期为 12 个月。

(2)传染性喉气管炎活疫苗(Connecticut 株)

【主要成分】 疫苗中含活的鸡传染性喉气管炎病毒(Connecticut 株),每羽份至少含 $10^{2.8}$ EID_{50}。

【物理性状】 淡红色海绵状疏松团块,易与瓶壁脱离,加稀释液后迅速溶解。

【作用与用途】 用于预防鸡传染性喉气管炎。

【用法与用量】 用于点眼免疫,每只 1 羽份;用于饮水免疫,每只 2 羽份。使用时打开疫苗瓶和专用稀释液瓶,用稀释液稀释疫苗,充分混合均匀,装上滴头,翻开鸡的下眼睑,在结膜囊内点 1 滴疫苗液。

【不良反应】 接种后,部分鸡可能出现可恢复性的轻度结膜炎。

【注意事项】 ①仅用于接种健康鸡。②点眼接种时,稀释后的疫苗应在 2 小时内用完。③稀释后的疫苗液应避免阳光直接照射。④饮水接种前应停水 2 小时。⑤接种过的鸡与未接种过的鸡应隔离饲养至少 4 周。⑥本品为活病毒疫苗,应避免接触人的眼睛。⑦使用过的疫苗瓶和稀释后未用完的疫苗等应进行安全处理。

【贮藏与有效期】 在2℃～8℃条件下保存,有效期为24个月。

(3) 鸡传染性喉气管炎和鸡痘基因工程活载体疫苗

【主要成分】 本品中含表达传染性喉气管炎病毒gB基因的重组鸡痘病毒,每羽份病毒含量$\geq 10^4$PFU。

【物理性状】 为淡黄色疏松团块,易与瓶壁脱离,加稀释液后迅速溶解,呈粉红色液体。

【作用与用途】 用于预防鸡传染性喉气管炎和鸡痘,免疫保护期为5个月。

【用法与用量】 按照瓶签注明的羽份,用生理盐水稀释,于翅膀内侧无血管处皮下刺种21日龄以上雏鸡。接种后3～4天,刺种部位出现轻微红肿,偶有结痂,14天恢复正常。

【不良反应】 一般无可见不良反应。

【注意事项】 本品仅用于健康鸡的接种,体质瘦弱或接触过鸡痘病毒的鸡不能使用,否则影响免疫效果。

【贮藏与有效期】 －15℃以下保存,有效期为18个月。

2. 导致传染性喉气管炎免疫失败的原因分析 引起本病免疫失败的原因很多,其中主要有以下几个方面:①免疫方法不当。不同厂家生产的传染性喉气管炎疫苗的接种途径不同,但多数以滴鼻和点眼的途径进行接种。如果方法选用不当,则会导致免疫失败。②接种剂量过大。未严格按照使用说明书的剂量进行免疫接种或者因接种技术不熟练导致接种剂量过大,诱发鸡群发病。目前的弱毒疫苗因毒力较强,接种后鸡群有一定的反应,因此必须严格按说明书剂量进行免疫。③免疫程序不合理。在疫苗免疫接种后8天内,不能再进行新城疫、传染性支气管炎疫苗的预防接种,否则会对传染性喉气管炎疫苗产生免疫抑制作用。④饲养管理不当,环境卫生较差,饲养密度过大,禽舍内通风不良,有害气体过多等,都会促使本病的发生。

(七)鸡痘疫苗

鸡痘(Avian pox)是由鸡痘病毒引起的以体表无毛部位出现散在的、结节状的增生性皮肤病灶。本病呈世界性分布,特别是大型鸡场中尤为严重。发生鸡痘的肉仔鸡群出栏期延后,饲料转化率明显降低。蛋鸡发病时产蛋量下降,种鸡发病时孵化率降低,若发生并发或继发感染时,可引起大批死亡,死亡率可达50%。

1. 鸡痘疫苗的种类及应用 目前,应用的鸡痘疫苗有3种类型:鸡痘活疫苗适用于35日龄以上的鸡,对雏鸡有一定毒力;鸽痘活疫苗毒力比鸡痘疫苗弱,用于1日龄雏鸡和产蛋母鸡;鸡痘鹌鹑化活疫苗是用鸡痘疫苗病毒通过鹌鹑胚继代致弱后制成,毒力很低,雏鸡使用安全有效,目前国内普遍使用。

(1)鸡痘单价活疫苗

【主要成分】 本品系用鸡痘鹌鹑化弱毒株病毒接种无特定病原鸡胚成纤维细胞培养,收获病毒培养液,加适宜稳定剂,经冷冻真空干燥制成。每羽份疫苗病毒含量$\geqslant 10^3 EID_{50}$。

【物理性状】 本品为微黄色海绵状疏松团块,易与瓶壁脱离,加稀释液后迅速溶解。

【作用与用途】 用于预防鸡痘。免疫保护期成鸡为5个月,雏鸡为2个月。

【用法与用量】 鸡翅膀内侧无血管处皮下刺种。按瓶签注明的羽份,用灭菌生理盐水稀释,用鸡痘刺种针蘸取稀释的疫苗,20~30日龄雏鸡刺1针,30日龄以上鸡刺2针,6~20日龄雏鸡用再稀释1倍的疫苗刺1针。接种后3~4天刺种部位微现红肿、结痂,14~21天痂块脱落。后备种鸡可于雏鸡接种后60天再接种1次。

【不良反应】 一般无可见不良反应。

【注意事项】 ①疫苗稀释后,应放在冷暗处,必须当日内用完。②勿将疫苗溅出或触及鸡只接种区域以外的任何部位。③刺种部位使用75%酒精消毒,不宜使用碘酊消毒。④使用过的器具、空疫苗瓶及未使用完的疫苗等需进行消毒处理。⑤鸡群刺种后7天应逐只检查,刺种部位无反应者,应重新刺种。

【贮藏与有效期】 在2℃~8℃条件下保存,有效期为12个月;-15℃以下保存,有效期为18个月。

(2)鸡痘双价活疫苗

【主要成分】 本品是用鹌鹑化致弱毒株和白喉型弱毒株分别接种鸡胚成纤维细胞培养,收获感染的细胞培养液,加入适当稳定剂,经冷冻真空干燥制成。

【物理性状】 本品为微黄色海绵状疏松团块,易与瓶壁脱离,加稀释液后迅速溶解。

【作用与用途】 用于预防健康鸡的皮肤型鸡痘,又可预防白喉型鸡痘,雏鸡免疫期一般为2个月,成年鸡5个月。

【用法与用量】 鸡翅膀内侧无血管处皮下刺种。按瓶签注明的羽份,用灭菌生理盐水稀释,用鸡痘刺种针蘸取稀释的疫苗,20~30日龄雏鸡刺1针,30日龄以上鸡刺2针,6~20日龄雏鸡用再稀释1倍的疫苗刺1针。接种后3~4天,刺种部位微现红肿、结痂,14~21天痂块脱落。后备种鸡可于雏鸡接种后60天再接种1次。

【不良反应】 一般无可见不良反应。

【注意事项】 同鸡痘单价活疫苗。

【贮藏与有效期】 通常为进口疫苗,在2℃~7℃条件下避光保存,有效期为24个月。

(3)鸽痘弱毒活疫苗(PV-K)

【主要成分】 本疫苗是采用具有高免疫源性的痘病毒,弱化后与高效培养基混合,经真空冷冻干燥而成。

【物理性状】 本品为微黄色海绵状疏松团块,易与瓶壁脱离,

第三章 家禽常用疫苗的合理使用

加稀释液后迅速溶解。

【作用与用途】 对于鸡是一种异源疫苗,较为安全,免疫保护期约6个月。本疫苗适用于各种年龄阶段的鸡,但常用于4周龄和产蛋前1个月的鸡,并应根据疫苗说明书重复接种1次。

【用法与用量】 用稀释液稀释后,一般用刺翼方式接种,在鸡翅膀内侧无血管处皮下刺种,方法同鸡痘单价活疫苗。

【注意事项】 ①只能对健康鸡进行接种。②应使用消毒过的刺种针(将刺种针用火烤或用酒精擦拭即可)进行接种。③使用疫苗前,应先用稀释液稀释并达到室温再进行刺种。④疫苗应现配现用,稀释后应于2小时内用完。⑤接种前及接种时应摇匀疫苗。⑥接种后3～4天接种部位出现轻微红肿、结痂,表示免疫成功,否则需要补刺。

【贮藏与有效期】 通常为进口疫苗,在2℃～7℃条件下避光保存,有效期为24个月。

(4)鸡痘、禽脑脊髓炎二联活疫苗

【主要成分】 本疫苗中含有鸡痘和禽脑脊髓炎活病毒。

【物理性状】 本品为微黄色海绵状疏松团块,易与瓶壁脱离,加稀释液后迅速溶解。

【作用与用途】 既可预防鸡痘,又可预防禽脑脊髓炎。主要在有禽脑脊髓炎和鸡痘的地区使用,适用于12周龄以上鸡。

【用法与用量】 采用翼下刺种,按瓶签注明的羽份,用灭菌生理盐水稀释,用鸡痘刺种针蘸取稀释好的疫苗给20～30日龄雏鸡刺1针,30日龄以上鸡刺2针,6～20日龄雏鸡用2倍稀释的疫苗刺1针。接种后7～10天,在翼膜接种部位可见棕褐色结痂。

【注意事项】 同鸡痘单价活疫苗。

【贮藏与有效期】 在2℃～7℃条件下避光保存,有效期为18个月。

(5)新城疫、传染性支气管炎、鸡痘三联活疫苗 具体详情参见新城疫防治用疫苗。

2. 导致鸡痘免疫失败的原因分析 在鸡痘的防治中,免疫失败的现象时有发生,分析其原因主要有以下几个方面。①免疫抑制性因素存在,如严重的寄生虫病、营养不良、应激反应(过热、过冷、疲劳)等。此外,接种前体内一定水平的母源抗体也能抑制鸡痘疫苗的病毒在体内增殖,从而导致免疫失败。②疫苗使用不当或操作不当,鸡痘的免疫接种不能采用饮水或注射法,因为鸡痘病毒不易在消化道或深层组织中增殖,所以采用饮水免疫或注射免疫产生的免疫效果不确定,其接种方法只能采用皮下刺种。由于大骨鸡生长周期长,一般是5~6个月龄出栏,故鸡痘疫苗应接种2次,第一次在35日龄,第二次在90日龄左右为宜。而有的饲养户仅在35日龄接种1次,达不到免疫效果而造成疫情发生。本病疫苗为鸡痘鹌鹑化弱毒疫苗,在鸡翅内侧无血管处刺种,第二次接种应在对称部位。疫苗瓶开启后在2小时内用完。免疫程序、刺种部位和药品、器具污染均会影响免疫效果。③剂量不足,对鸡群接种鸡痘疫苗后,应及时对鸡群的接种部位进行接种反应观察,一般接种4~6天后在接种部位会出现皮肤红肿、水疱、增厚、结痂等接种反应,如接种部位无反应或鸡群的反应率低,则必须及时重新接种。④疫苗运输、贮存不当,与抗生素并用,用化学消毒剂消毒接种器具,接种前皮肤涂擦酒精过多使疫苗毒被灭活等也是导致免疫失败的原因。

(八)产蛋下降综合征疫苗

产蛋下降综合征(Egg drop syndrome,EDS-76)是由腺病毒引起,以产蛋率下降为特征的一种传染病。可引起鸡群产蛋率突然下降,软壳蛋和畸形蛋增加,褐色蛋蛋壳颜色变浅。我国于1991年从发病鸡群分离获得病毒,本病流行范围广,曾给养禽业造成巨大损失,农业部已将其列入二类动物疫病。鸡、鸭、鹅和野鸭易感,不同品种的鸡对产蛋下降综合征的易感性有差异,褐壳蛋鸡最易感,主要感染 26～32 周龄鸡,35 周龄以上较少发病。

1. 产蛋下降综合征疫苗的种类及应用　产蛋下降综合征疫苗主要为灭活疫苗,其中包括单苗和联苗,联苗有二联、三联和多联苗,用户可以根据本场的具体情况选择合适的疫苗。

(1)鸡产蛋下降综合征灭活疫苗

【主要成分】　禽凝血性腺病毒含量≥2 000 血凝反应单位/羽份。

【物理性状】　本品为乳白色乳状液。

【作用与用途】　用于预防后备母鸡群产蛋下降综合征。

【用法与用量】　肌内或皮下注射。开产前 14～28 日进行免疫,每只 0.5 毫升。

【不良反应】　一般无可见不良反应。

【注意事项】　①本品接种前应了解当地确无疫病流行,被接种的鸡群应健康,体质瘦弱和患有疾病者不应使用。②本品在使用前应仔细检查,如发现破乳、疫苗中混有杂质、异物等均不能使用。③本品在使用前应先使其升至室温并充分摇匀,疫苗启封后限当日用完。④注射时所用器具须经高温灭菌,接种后剩余疫苗、空瓶和接种用具等应做无害化处理。⑤疫苗应在兽医的指导下正确使用。

【贮藏与有效期】　在 2℃～8℃条件下保存,有效期为 1 年,切勿冻结。

(2)鸡产蛋下降综合征灭活疫苗(京 911 株)

【主要成分】　含灭活的鸡产蛋下降综合征病毒京 911 株,灭活前的病毒含量至少为 $10^{6.8}EID_{50}$/羽份。

【物理性状】　本品为白色均匀乳剂。

【作用与用途】　用于预防蛋鸡后备鸡群及种鸡后备母鸡产蛋下降综合征。

【用法与用量】 开产前 2~4 周进行免疫,肌内或皮下注射 0.5 毫升。

【不良反应】 一般无可见不良反应。

【注意事项】 ①严禁冻结。②如出现破损、异物或破乳分层等异常现象切勿使用。③使用前应将疫苗恢复至常温并充分摇匀。④接种时应及时更换针头,最好1只鸡1根针头。⑤疫苗启封后,限 24 小时内用完。⑥屠宰前 28 天内禁止使用。⑦剩余的疫苗及空瓶不能随意丢弃,须经加热或消毒灭菌后方可废弃。

【贮藏与有效期】 在 2℃~8℃条件下保存,有效期为 12 个月。

(3)鸡新城疫、产蛋下降综合征二联灭活疫苗

【主要成分】 鸡新城疫低毒力(La Sota 株)病毒液含量≥0.125 毫升/羽份,禽凝血性腺病毒含量≥2 000 血凝反应单位/羽份。

【物理性状】 本品为乳白色乳状液。

【作用与用途】 用于预防后备母鸡群产蛋下降综合征和新城疫。

【用法与用量】 肌内或皮下注射。开产前 14~28 天进行免疫,每只 0.5 毫升。

【不良反应】 一般无可见不良反应。

【注意事项】 ①本品接种前应了解当地确无疫病流行,被接种的鸡群应健康,体质瘦弱和患有疾病者不应使用。②本品在使用前应仔细检查,如发现破乳、疫苗中混有杂质、异物等均不能使用。③本品在使用前应先使其升至室温并充分摇匀,疫苗启封后限当日用完。④注射时所用器具须经高温灭菌,接种后剩余疫苗、空瓶和接种用具等应做无害化处理。⑤疫苗应在兽医的指导下正确使用。

【贮藏与有效期】 在 2℃~8℃条件下保存,有效期为 1 年,

切勿冻结。

(4)鸡新城疫、传染性支气管炎、产蛋下降综合征三联灭活疫苗(La Sota 株+M41 株+京 911 株)　详情见新城疫疫苗。

(5)鸡新城疫、传染性支气管炎、产蛋下降综合征三联灭活疫苗(N79 株+M41 株+NE4 株)　详情参见新城疫疫苗。

2. 导致鸡产蛋下降综合征免疫失败的原因分析　有很多因素都会导致本病疫苗出现免疫失败,其中主要有以下几方面因素:①疫苗的质量问题。本病所使用的疫苗均为灭活疫苗,在使用疫苗时要注意观察疫苗的质量和性状。②鸡群的健康状况。若鸡群已经感染了免疫抑制性疾病,则会影响疫苗的免疫效果。③免疫程序的制定。要根据本场的实际情况制定合理的免疫程序,若注射多联疫苗,则更应注意免疫程序的合理性。

(九)鸡传染性贫血疫苗

鸡传染性贫血是由鸡传染性贫血病毒(Chicken infectious anemia virus, CIAV)引起的,以雏鸡再生障碍性贫血、全身淋巴组织萎缩、皮下和肌肉出血以及高死亡率为特征的传染病。本病最严重的危害是使雏鸡免疫力降低,引起一系列细菌、病毒、真菌等继发或并发感染,并造成马立克氏病、新城疫、传染性法氏囊病等的免疫失败。由于其他病毒病的发生,又激发了机体对鸡传染性贫血病毒的敏感性,增加了传染性贫血的发病率,形成了一种恶性循环,给养鸡业造成严重的经济损失。

目前用于预防本病的疫苗较少,生产中使用的主要是进口疫苗。

1. 鸡传染性贫血弱毒活疫苗

【主要成分】　本品采用鸡传染性贫血 CUX-1 毒株经无特定病原鸡胚培养,收获病毒,经冷冻真空干燥后制成,病毒含量不少于 $10^{5.8}$ $TCID_{50}$。

【物理性状】 为乳白色海绵状疏松团块,易与瓶壁脱离,加稀释液后迅速溶解。

【作用与用途】 用于预防鸡传染性贫血,12～15周龄免疫。

【用法与用量】 饮水免疫,每只1毫升。

【不良反应】 无可见不良反应。

【注意事项】 免疫期不能晚于产蛋前的6周。

2. 鸡传染性贫血灭活疫苗

【主要成分】 本品是将鸡传染性贫血病毒株皮下接种1日龄雏鸡后,收获发病鸡肝脏,制成肝乳液,灭活后加油乳剂灭活制成。

【物理性状】 混悬液。

【作用与用途】 用于16～18周龄的种鸡及7～10日龄雏鸡防治鸡传染性贫血。

【用法与用量】 胸部肌内注射。7～10日龄雏鸡,每只注射0.3毫升;16～18周龄的种鸡,每只注射0.5毫升。

【不良反应】 无可见不良反应。

【注意事项】 ①使用时注意观察疫苗,如出现分层破乳现象,则不能使用。②疫苗接种时要注意无菌操作,使用的注射器和注射局部应消毒。

(十)禽传染性脑脊髓炎疫苗

禽传染性脑脊髓炎(Avian encephalomyelitis, AE)又称流行性震颤,是由禽脑脊髓炎病毒引起的一种主要侵害雏鸡中枢神经系统的传染病。以共济失调、头颈震颤和两肢麻痹、瘫痪为特征。导致产蛋鸡产蛋下降,蛋重减轻。各种日龄鸡均可感染,但以2～3周龄鸡多发,发病率为20%～60%,死亡率17%～25%或更高,对养禽业危害较大。

禽脑脊髓炎疫苗有活疫苗和灭活疫苗2种。由于活疫苗毒力较强,容易造成环境污染,有时还会造成免疫鸡群发病,给养鸡场

第三章 家禽常用疫苗的合理使用

带来隐患。目前生产上多使用灭活疫苗。

1. 禽传染性脑脊髓炎油乳剂灭活疫苗

【主要成分】 疫苗中含灭活的禽脑脊髓炎病毒 Van Roekel 株,灭活前的滴度$\geq 10^5 EID_{50}$/羽份。

【物理性状】 乳白色乳剂。

【作用与用途】 用于预防禽脑脊髓炎。开产前蛋鸡和种鸡接种后 14 天产生免疫力,免疫期为 10 个月,雏鸡的母源抗体可持续到 42 日龄。

【用法与用量】 颈部皮下或肌内注射,每只 0.5 毫升。

【不良反应】 一般无可见不良反应。

【注意事项】 ①用前将疫苗摇匀,待疫苗温度与室温接近时,再行注射。②使用前仔细观察疫苗,如出现破损、异物、分层等现象,切勿使用。③注射器具应灭菌,接种时应无菌操作。④疫苗应冷藏运输,严禁冻结。疫苗瓶开启后限在 24 小时内用完。⑤仅用于接种健康鸡。⑥接种时宜选用 20 号针头注射。

【贮藏与有效期】 在 2℃~8℃条件下保存,有效期为 1 年。

2. 禽传染性脑脊髓炎弱毒疫苗

【主要成分】 本品采用致弱的禽脑脊髓炎病毒,加入适当稳定剂,经冷冻真空干燥制成。

【物理性状】 乳白色海绵状疏松团块,易与瓶壁脱离,加稀释液后迅速溶解。

【作用与用途】 用于预防禽脑脊髓炎,一般用于 10~15 周龄的种鸡。

【用法与用量】 按瓶签注明的羽份进行稀释,稀释液可用灭菌蒸馏水、冷开水或不含氯及金属离子的清洁自来水,稀释时加入 0.5%脱脂乳。接种前禽群应停止饮水 2~3 小时,每只鸡约饮水 40 毫升。

【不良反应】 无可见不良反应。

【注意事项】 ①本品只适用于健康鸡,接种疫苗后14天内,不得再接种其他疫苗。②本疫苗不可用于2月龄以下或处于产蛋期的鸡,接种至少应在产蛋前1个月进行。③免疫后5周内的种蛋禁止用于孵化。④疫苗稀释后应在2小时内用完,并避免高温和阳光直射。⑤应保证每只鸡有充足的饮水,以摄取足够量的疫苗。⑥不得同时给予治疗药物,非疫区禁止使用。

(十一)病毒性关节炎疫苗

病毒性关节炎也称病毒性腱鞘炎,是由鸡呼肠弧病毒引起的一种传染病,以侵害关节滑膜、腱鞘、关节软骨和心肌为特征,多发生于肉鸡。本病仅发生于鸡,分布于美国、欧洲各国及日本,造成鸡群死亡、生长停滞、饲料利用率降低,给养鸡业造成重大经济损失。

鸡病毒性关节炎疫苗有2种,一种是活疫苗,大多数疫苗株是从S11株演化而来,毒力已降低,主要用于7日龄或更大日龄的雏鸡免疫,但在1日龄皮下接种会干扰马立克氏病疫苗的免疫。另一种是灭活疫苗,目前本病毒具有变异性,日本已有5个血清型,美国有4个血清型,国内已开发出病毒性关节炎灭活苗,因此应用与当地分离株血清型一致的毒株或本地分离的病毒制成灭活苗,给种鸡免疫,使雏鸡通过卵黄获得被动保护,安全度过较为敏感的时期(2周龄以下)。

1. 鸡病毒性关节炎灭活疫苗(REO-S1133株)

【主要成分】 本疫苗系用鸡呼肠弧病毒REO-S1133株经无特定病原鸡胚繁殖培养后,加入甲醛溶液灭活,按比例加入油佐剂制成。

【物理性状】 为乳白色乳剂。

【作用与用途】 预防鸡呼肠弧病毒性关节炎。

【用法与用量】 于鸡颈中下1/3处皮下注射,幼雏首次注射

0.1毫升,第二次或第三次(灭活苗)均为0.2毫升。

【不良反应】 无可见不良反应。

【注意事项】 ①使用时注意观察疫苗,如出现分层破乳现象,不能使用。②疫苗接种时要注意无菌操作,使用的注射器和注射局部应消毒。

【贮藏与有效期】 在4℃条件下冷暗干燥处保存,有效期为6个月。

2. 鸡病毒性关节炎活疫苗(1133株)

【主要成分】 本品系用呼肠孤病毒(1133株)接种SPF鸡胚成纤维细胞培养,收获细胞培养物,加适宜稳定剂,经冷冻真空干燥制成。

【物理性状】 白色或乳白色海绵状疏松团块,易与瓶壁脱离,加稀释液后迅速溶解。

【作用与用途】 用于预防由呼肠孤病毒引起的鸡病毒性关节炎。

【用法与用量】 1周龄幼雏首次接种时,于颈中下1/3处皮下注射0.1毫升。4周龄进行第二次接种,接种剂量为0.2毫升,如果在12周龄加强免疫,可选用灭活疫苗。

【不良反应】 无可见不良反应。

【贮藏与有效期】 在4℃冷暗干燥处保存,有效期为3个月。

3. 鸡病毒性关节炎灭活疫苗(1733株+S1133株)

【主要成分】 灭活前,每羽份疫苗中含呼肠孤病毒1733株至少6.3×10^5 TCID50、S1133株至少2×10^6 $TCID_{50}$。

【物理性状】 乳白色乳剂。

【作用与用途】 用于预防种鸡和后备种鸡的呼肠孤病毒感染。

【用法与用量】 颈下部皮下注射,每只注射0.5毫升,常用于在4周前接种过病毒性关节炎活疫苗的16～20周龄种鸡和后备种鸡的加强免疫。4～6周后再进行1次加强免疫。若鸡在翌年继续进行强制换羽饲养,在换羽期再进行1次加强免疫。

【不良反应】 一般无可见不良反应。

【注意事项】 ①使用前应将疫苗放至室温。②使用前及使用中均须充分摇匀疫苗。③疫苗瓶开封后应一次用完。④屠宰前42天内禁止使用本品。⑤如果不小心误将疫苗注入人体,应立即就医。⑥疫苗不得冻结。

【贮藏与有效期】 在2℃～8℃条件下保存,有效期为24个月。

4. 鸡病毒性关节炎油乳剂灭活疫苗(五价灭活疫苗)

【主要成分】 本品采用无特定病原鸡胚制备,杜绝外源病毒污染。每毫升含灭活的鸡呼肠孤病毒弱毒株 S-1133 株 $\geq 10^7 EID_{50}$、S-1733 株 $\geq 10^7 EID_{50}$、S-2048 株 $\geq 10^7 EID_{50}$、C08 株 $\geq 10^{6.5} EID_{50}$、ARV-58-132 株 $\geq 10^{6.5} EID_{50}$。

【物理性状】 本品为白色或乳白色乳剂。

【作用与用途】 用于预防鸡的病毒性关节炎,毒株抗原广谱,交叉免疫原性更强,可有效抵御多种血清型呼肠孤病毒的攻击,对于鸡呼肠孤病毒变异株和超强毒株(VVIREOV)有更强的保护力。

【用法与用量】 颈背部皮下注射或胸部肌内注射。70日龄以内的鸡,每只0.3～0.5毫升;种鸡在开产前(120日龄左右)免疫,每只0.5毫升。

【不良反应】 一般无可见不良反应。

【注意事项】 ①本疫苗不可冻结,勿在25℃以上条件下贮运。②疫苗使用前应充分摇匀并使疫苗温度升至室温。③只能对健康鸡群进行免疫接种。④疫苗开启后,应于24小时内用完。⑤疫苗瓶、包装和剩余的疫苗必须做消毒处理。

【贮藏与有效期】 在2℃～8℃条件下避光贮存,有效期为18

个月。

(十二)禽霍乱疫苗

禽霍乱(Fowl cholera)又称禽巴氏杆菌病,是由多杀性巴氏杆菌引起家禽和野禽的一种急性败血性传染病。本病常呈现败血性症状,发病率和死亡率很高,慢性型以鸡冠、肉髯水肿和关节炎为特征。世界卫生组织将其列为B类疫病。本病主要使蛋鸡死亡,也常引起产蛋量下降,死亡率最高为20%,家鸭的死亡率可达50%。

1. 禽霍乱疫苗的种类及应用 目前对禽霍乱的预防措施主要是采取疫苗免疫接种,疫苗主要有禽巴氏杆菌病活疫苗和禽巴氏杆菌病灭活疫苗2种。

(1)禽巴氏杆菌病活疫苗

【主要成分】 本品是采用禽多杀性巴氏杆菌 G190E40 或 B26-T1200 弱毒株接种适宜培养基培养,将培养物加适宜稳定剂,经冷冻真空干燥制成。含有禽多杀性巴氏杆菌活菌,鸡用活疫苗不少于2 000万个/羽份,鸭用活疫苗不少于6 000万个/羽份,鹅用活疫苗不少于1亿个/羽份。

【物理性状】 淡褐色海绵状疏松团块,易与瓶壁脱离,加稀释液后迅速溶解。

【作用与用途】 用于预防3月龄以上鸡、鸭、鹅的禽霍乱。用本菌苗接种后3天即可产生免疫力,免疫期为3个半月,在有禽霍乱流行的养殖场,可每3个月预防接种1次。

【用法与用量】 肌内注射,用20%铝胶生理盐水稀释为每0.5毫升含1羽份,每只接种0.5毫升。

【不良反应】 本疫苗一般无严重的不良反应,注射后可能有不同程度的反应,表现为减食、精神较差,一般2~3天后可恢复。产蛋禽只注射疫苗后产蛋略有减少,几天内即可恢复。

【注意事项】 ①用时摇匀。②接种时应执行常规的无菌操作。③应对用过的疫苗瓶、器具和稀释后剩余的疫苗进行消毒处理。④病禽、体弱和使用抗生素后未超过5天者,不宜接种本疫苗。⑤疫苗稀释后放冷暗处,应在4小时内用完。⑥在疫区接种前,应先做小群试验,无严重反应时,再扩大使用。

【贮藏与有效期】 在2℃~8℃条件下保存,有效期为12个月。

(2)禽巴氏杆菌病灭活疫苗

【主要成分】 本品系用免疫原性良好的A型多杀性巴氏杆菌,接种适宜培养基培养,将培养物经甲醛灭活后,与油佐剂混合乳化制成。

【物理性状】 本品静置后,上层为淡黄色澄清液体,下层为白色沉淀,振摇后呈均匀混悬液。

【作用与用途】 用于预防禽霍乱,适用于2月龄以上的鸡。注射后14天产生免疫力,免疫保护期为6个月。

【用法与用量】 颈部皮下或肌内注射,每只注射0.5毫升。

【不良反应】 注射疫苗后一般无明显反应,个别鸡在注射后1~2天可能出现一过性食欲减退的症状,对蛋鸡产蛋率稍有影响,几天内即可恢复。

【注意事项】 ①本病仅用于预防,无治疗作用,疫苗开封后应于当日用完。②仅用于健康的鸡。③使用前应将疫苗放至室温,并将疫苗充分摇匀。④注射器械及免疫部位必须严格消毒,以免造成感染。⑤本品严禁冻结和高温。⑥使用过的疫苗瓶、器具和用过剩余的疫苗等应做消毒处理。

【贮藏与有效期】 在-15℃条件下保存,有效期为2年;在2℃~8℃条件下避光保存,有效期为18个月。

(3)禽巴氏杆菌病蜂胶灭活疫苗(C48-2株)

【主要成分】 本品系用免疫原性良好的多杀性巴氏杆菌

(C48-2株),接种适宜培养基培养,将培养物经甲醛灭活后,与蜂胶提取液乳化制成。灭活前细菌含量至少为100亿CFU(菌落形成单位)/羽份,蜂胶干物质含量至少为10毫克/羽份。

【物理性状】 本品为黄色或黄褐色混悬液,久置后底部有沉淀,振摇后呈均匀混悬液。

【作用与用途】 用于预防禽霍乱。

【用法与用量】 胸部浅层胸肌或颈部皮下注射,每只注射1毫升。适用于2月龄以上鸡、鸭、鹅等。

【不良反应】 注射疫苗后一般无明显反应,个别禽可能有短暂的精神不振现象,很快即可恢复。

【注意事项】 ①本品仅用于接种健康动物。接种前应了解当地禽群有无疫病流行,如有疫病流行或体质瘦弱、精神委顿,会影响本疫苗的免疫效果。②贮存、运输和使用过程中应避免日光照射,严防冻结。③疫苗使用前应注意摇均,并将温度升至室温。在冬季注射疫苗时,可在免疫前4~5小时,把疫苗瓶放于温水中(37℃~40℃),使疫苗的温度尽量接近鸡的体温时,再进行免疫注射。④注射疫苗时宜用17号或22号针头,采用胸部肌内注射,不能采用腿部肌内或静脉注射。⑤免疫鸡只时,捉鸡的动作不要粗暴,多数鸡群免疫后出现产蛋下降,与捉鸡动作过于粗暴有关。⑥本品可与抗菌药物同时使用,在免疫期间可添加药物缓解应激反应,免疫前后2~3天可在饲料中添加适量抗菌药物,并在饮水中加入多种维生素及微量元素,以缓解免疫应激,保证疫苗的免疫效果。⑦产蛋鸡进行疫苗注射时,最好选择下午进行,特别是下午4时以后,此时鸡舍光线较暗,不易造成鸡群炸群。⑧接种时,应注意无菌操作,对用过的注射器和针头应做消毒处理。⑨当邻近鸡群出现传染病时,应对鸡群进行紧急接种,按照健康鸡群、假定健康鸡群、病鸡群的顺序进行,当鸡群存在疾病时,应避免接种疫苗,如必需接种应在兽医指导下进行。⑩用过的疫苗瓶、剩余的疫苗、器具等污染物必须进行消毒处理。

【贮藏与有效期】 在-15℃条件下保存,有效期为2年;在2℃~8℃条件下避光保存,有效期为18个月。

2. 导致禽霍乱免疫失败的原因分析 在使用疫苗时,要选择优质的疫苗,疫苗的质量直接影响免疫接种的效果。在疫苗接种时,要严格按照说明进行,如操作不当或注射部位不准确,都很难保证每只鸡获得足够剂量的疫苗。在疫苗接种前应了解禽群的健康状况,如已经有疫病流行,则会影响疫苗的免疫效果。除以上问题外,还应特别注意本病疫苗为细菌性疫苗,在使用活疫苗进行预防接种时,接种前后10天内要禁用抗菌药物和磺胺类药物。若担心饲料中药物添加不稳定,可选用禽巴氏杆菌病灭活疫苗进行免疫。

(十三)禽大肠杆菌病疫苗

禽大肠杆菌病(Aviande colibacillosis)是由多种血清型的致病性大肠埃希氏菌所引起的不同类型禽病的总称。包括大肠杆菌性气囊炎、败血症、脐炎、输卵管炎、腹膜炎及大肠杆菌肉芽肿等。近年来,由于大肠杆菌所引起禽类的综合病症已严重危害了养殖业的发展。成年产蛋鸡往往在开产阶段发生,死淘率增加,影响产蛋,生产性能不能充分发挥。种鸡场发生本病,直接影响到种蛋孵化率、出雏率,造成孵化过程中死胚和毛蛋增多,健雏率降低。不仅导致鸡只生长受阻、发育不良,还使产蛋鸡无产蛋高峰或产蛋高峰期时间较短,造成较大的经济损失。

1. 禽大肠杆菌病疫苗的种类及应用 目前国内主要使用禽大肠杆菌灭活疫苗,包括单苗和联苗,应用较多的是多价苗,主要有鸡大肠杆菌多价氢氧化铝苗和多价油佐剂苗。由于大肠杆菌血清型众多,疫苗最好采用当地流行株或用本场分离株制成,效果较好。

(1)禽大肠杆菌病氢氧化铝胶灭活疫苗

【主要成分】 本品系用免疫原性良好的鸡大肠杆菌,接种于适宜培养基培养,将培养物经甲醛溶液灭活后,加氢氧化铝胶制成。

【物理性状】 本品静置后,上层为淡黄色澄清液体,下层为灰白色沉淀物,振摇后呈均匀混悬液。

【作用与用途】 用于预防鸡大肠杆菌病。

【用法与用量】 颈侧部皮下注射,每只注射0.5毫升。

【不良反应】 一般无可见不良反应。

【注意事项】 ①只能对健康鸡进行免疫接种。②雏鸡免疫接种前后必须严格隔离饲养,降低饲养密度,尽量避免粪便污染饮水与饲料。③疫苗使用前充分摇匀并使疫苗温度升至室温,疫苗瓶开启后应于24小时内用完。④疫苗勿冻结,勿在25℃以上运输。⑤用过的疫苗瓶、剩余的疫苗、器具等污染物必须进行消毒处理。

【贮藏与有效期】 在2℃～8℃条件下保存,有效期为12个月。

(2)禽霍乱-大肠杆菌病多价蜂胶二联灭活疫苗

【主要成分】 本品由巴氏杆菌标准菌株与大肠杆菌国标标准菌株以及国内分离的有代表性的巴氏杆菌和大肠杆菌制备,经增殖后灭活,辅以天然免疫增强剂——蜂胶制备而成。

【物理性质】 本品为黄色或黄褐色混悬液,久置后底部有沉淀,振摇后呈均匀混悬液。

【作用与用途】 预防禽霍乱和大肠杆菌病,注苗后5～7天产生坚强免疫力,蛋鸡和种鸡免疫2次,能在整个产蛋期内提供可靠的免疫力,免疫期为12个月。

【用法与用量】 颈部皮下注射,20日龄以内每只注射0.3毫升,第二次免疫采取肌内注射,每只注射0.5毫升。

【不良反应】 一般无可见不良反应。

【注意事项】 ①只能对健康鸡进行免疫接种。②雏鸡免疫接种前后必须严格隔离饲养,降低饲养密度,尽量避免粪便污染饮水与饲料。③疫苗使用前应充分摇匀并使疫苗温度升至室温,疫苗瓶开启后应于24小时内用完。④疫苗勿冻结,勿在25℃以上条件下运输。⑤用过的疫苗瓶、剩余的疫苗、器具等污染物必须进行消毒处理。

【贮藏与有效期】 在-10℃条件下保存,有效期为24个月;在4℃~8℃条件下保存,有效期为18个月;在20℃条件下保存,有效期为6个月。

2. 导致禽大肠杆菌病免疫失败的原因分析 禽大肠杆菌免疫失败受很多因素的影响,主要有以下几种。①由于致病性大肠杆菌的血清型众多,且各地各场的血清型不尽相同,因此没有一种标准化的疫苗供全国各地使用。②疫苗质量不合格,如疫苗中混有支原体或其他外源病毒(如传染性法氏囊病、鸡传染性贫血、网状内皮组织增殖症病毒等),灭活苗灭活不全留有残毒等。③运输和使用不当造成的人为免疫失败,如疫苗未按要求贮存运输,保存超过有效期,疫苗使用操作(用法、用量、稀释、浓度、途径等)不当,免疫剂量不足或过量造成免疫麻痹;活疫苗在使用过程中部分或全部失活;疫苗保管不当,免疫程序不合理。④药物影响(如使用抗生素、消毒剂等)和环境因素(如消毒不好、高温、高湿、应激)等。⑤禽群遗传性因素,营养不良,母源抗体影响;注射疫苗时禽群处于疫病的潜伏期;或免疫负期发生强毒感染。⑥各种原因导致的免疫抑制,如传染性法氏囊病、马立克氏病疫苗、病毒性关节炎、淋巴细胞白血病、传染性贫血等都会对鸡群产生严重免疫抑制。

(十四)鸡肠炎沙门氏菌病疫苗

鸡肠炎沙门氏菌病是一种近几年才被人们重视的疾病。肠炎沙门氏菌(SE)不仅能引起鸡发病死亡,造成严重的经济损失,而且还能感染鸡的产品,受感染的产品作为肠炎沙门氏菌的携带者,严重危害着人类健康。目前在沙门氏菌属中,肠炎沙门氏菌是引起家禽发病和人食物中毒的最常见血清型之一。

鸡肠炎沙门氏菌病活疫苗

【主要成分】 每羽份至少含有致弱肠炎沙门氏菌 Sm24/Rif12/Ssq 株 1.1×10^8 CFU。

【物理性状】 浅褐色海绵状疏松团块,易与瓶壁脱离,加稀释液后迅速溶解。

【作用与用途】 用于预防鸡肠炎沙门氏菌感染。

【用法与用量】 肉鸡在1日龄时接种1次,蛋鸡和种鸡在1日龄、6~8周龄和16~18周龄时各接种1次。用不含氯离子、金属离子及其他有害物质的新鲜凉水稀释疫苗。通常每1 000羽份1日龄鸡用1升水,最高为20升/1 000羽份。例如,1 000只15日龄的鸡用15升水。在炎热的气候条件下或对体重大的品种来说,用水量可增加至30升/1 000羽份。如果有条件,应使用水表准确测定所需水量。可在饮水中添加低脂肪(<1%)的脱脂奶粉(2~4克/升)或脱脂乳(2~4升/1 000升),混合均匀静置15分钟后加入疫苗,混匀后立即使用。也可在饮水中添加适宜的水质稳定剂,然后混入疫苗使用。皮下注射仅用于替换蛋鸡和种鸡的第三次饮水免疫。接种前用pH值为7.2的无菌磷酸盐缓冲液或生理盐水稀释疫苗,每只颈下部皮下注射0.5毫升(含1羽份)。

【不良反应】 一般无可见不良反应。

【注意事项】 ①仅用于接种健康鸡。②每次免疫接种当日和前后3天内,不能使用对沙门氏菌有防治作用的化学药物。如果无法避免,必须重新接种。③不要与其他疫苗混合使用。④饮水使用时,要保证水中不残留任何消毒剂、清洁剂。复融疫苗时,应戴上胶皮手套,在水面下开启疫苗瓶,防止形成疫苗气溶胶。处理完疫苗后,应消毒、清洗手部。⑤稀释好的疫苗应在3小时内用完。由于鸡只饮水行为有所不同,免疫前可能有必要停水一定时间,以保证免疫期间所有鸡都能够饮到疫苗水。⑥禁止操作人员吸入疫苗。如果已经误食下疫苗,可服用环丙沙星等敏感抗菌药物。⑦人体接触接种鸡群的粪便后,要注意清洗、消毒接触部位。⑧患有免疫抑制性疾病的人员,不要接触疫苗。⑨观赏和纯系家禽慎用本品,屠宰前21天内禁用。⑩使用后的疫苗瓶、剩余的疫苗和稀释所用器具,应煮沸、焚烧或用适宜消毒剂浸泡消毒处理。

【贮藏与有效期】 在2℃~8℃条件下保存,有效期为24个月。

(十五)传染性鼻炎疫苗

传染性鼻炎(Infectiouscoryza)是由副鸡嗜血杆菌引起的鸡的一种急性或亚急性呼吸道传染病。主要症状为鼻腔和鼻窦发炎,流鼻液,脸部肿胀和打喷嚏。本病发生于各种年龄的鸡,老龄鸡感染较为严重。种鸡和蛋鸡暴发鼻炎会引起产蛋量突然下降,后备母鸡发生鼻炎会引起死亡、体重降低和鸡群生长不一致,造成严重的经济损失。

目前用于预防传染性鼻炎的疫苗主要为灭活苗。根据所使用的佐剂不同可分为氢氧化铝胶佐剂疫苗、油乳剂疫苗、铝胶油佐剂疫苗及类脂佐剂疫苗等。

1. 鸡传染性鼻炎灭活疫苗(A型)

【主要成分】 含灭活的副鸡嗜血杆菌A型C-Hpg-8株,灭活前每毫升至少含$5×10^9$个菌体。

【物理性状】 乳白色乳状液,久置后下层有少量水。

【作用与用途】 用于预防鸡传染性鼻炎。

【用法与用量】 胸部或颈部背皮下注射,42日龄以下鸡注射0.25毫升,42日龄以上鸡注射0.5毫升。

【不良反应】 一般无可见不良反应。

第三章 家禽常用疫苗的合理使用

【注意事项】 ①本品切忌冻结,冻结后的疫苗禁止使用。②使用时应恢复至室温并充分摇匀。③疫苗启封后,限当日用完。④只适用于健康的鸡只。用于肉鸡时,屠宰前 21 天内禁用;用于其他鸡时,屠宰前 42 天内禁止使用。⑤用过的疫苗瓶、剩余的疫苗、器具等污染物必须进行消毒处理。

【贮藏与有效期】 在 2℃～8℃ 条件下保存,有效期为 12 个月。

2. 鸡传染性鼻炎铝胶灭活疫苗

【主要成分】 本品系用副鸡嗜血杆菌 A 型 0083 株、C 型 Modesto 株和 17756 株接种于适宜培养基培养,将培养物经浓缩灭活后,加氢氧化铝胶制成。疫苗灭活前至少含副鸡嗜血杆菌 A 型 0083 株 2×10^7 CFU/羽份,C 型 Modesto 株 4×10^7 CFU/羽份,C 型 17756 株 5×10^6 CFU/羽份。

【物理性状】 静置后,上层为淡黄色澄明液体,下层为灰白色沉淀。

【作用与用途】 用于预防由 A 型和 C 型副鸡嗜血杆菌感染引起的鸡传染性鼻炎。

【用法与用量】 用于 3 周龄或 3 周龄以上鸡胸部肌内注射,每只注射 0.5 毫升。建议在首次接种后 3～6 周进行第二次接种。

【不良反应】 接种后,部分鸡可能会出现局部组织反应和肿胀。

【注意事项】 ①仅用于接种健康鸡。②使用前及使用中均须充分摇匀疫苗。③使用前应将疫苗恢复至室温。④疫苗瓶开封后应一次用完。⑤疫苗不得冻结。⑥接种过程中应使用灭菌注射器和针头,并采取常规无菌操作方法进行接种,要勤换针头。⑦如果不小心误将疫苗注入人体,应立即就医。⑧本品接种产蛋鸡后可能会导致产蛋率下降,因此在产蛋期进行接种时,应先在小范围内使用,并观察其对产蛋率的影响。⑨屠宰前 42 天内禁止使用。⑩

用过的疫苗瓶、剩余的疫苗、器具等污染物必须进行消毒处理。

【贮藏与有效期】 在2℃～8℃条件下保存,有效期为24个月。

3. 鸡传染性鼻炎三价灭活疫苗

【主要成分】 本品含有血清型A型、C型及HPGr-V1变异型这3种副鸡嗜血杆菌菌株,其中HPGr-V1变异型是更适合于亚太地区使用的菌株。

【物理性状】 乳白色乳剂。

【作用与用途】 用于健康种鸡和蛋鸡的免疫接种,以预防传染性鼻炎。

【用法与用量】 皮下或肌内注射,用于5周龄以上的健康鸡,每只注射0.5毫升,每只免疫2次,2次免疫应间隔4周以上,产蛋前4周进行最后1次免疫。首次免疫可使用铝胶疫苗,二免可使用油剂疫苗。

【不良反应】 有时对注射部位组织有局部刺激作用,在接种处可能会有微肿,但经10～14天后会自动消失,不需特别治疗。

【注意事项】 ①用前和使用中应充分摇动疫苗。②用前应使疫苗温度升至室温。③一经开瓶启用,应尽快将瓶内疫苗用完(24小时之内)。④如误将疫苗接种在人体内,会产生局部反应,应请医生诊治,并告知医生疫苗的剂型。

4. 鸡传染性鼻炎(A+C型)、新城疫二联灭活疫苗

【主要成分】 本品含灭活的副鸡嗜血杆菌A型C-Hpg-8株、C型Hpg-668株和鸡新城疫病毒La Sota株,灭活前的新城疫病毒含量$\geq 10^9 EID_{50}$/毫升;副鸡嗜血杆菌A型和C型分别$\geq$24亿CFU/毫升。

【物理性状】 乳白色乳剂。

【作用与用途】 用于预防鸡传染性鼻炎和鸡新城疫。注苗后14～21天产生免疫力。接种1次的免疫期为3～5个月。若21

日龄首次免疫，120日龄二次免疫，免疫期可达9个月。

【用法与用量】 颈部皮下注射，21～42日龄鸡，每只0.25毫升；42日龄以上鸡，每只0.5毫升。

【不良反应】 无可见不良反应。

【注意事项】 ①切忌冻结，冻结后的疫苗严禁使用。②使用前，应将疫苗恢复至室温，并充分摇匀。疫苗启封后，限当日用完。③本品仅限接种健康鸡群。④接种时，应做局部消毒处理。⑤用于肉鸡免疫注射时，屠宰前21天禁止使用；用于其他鸡时，屠宰前42天内禁止使用。⑥用过的疫苗瓶、剩余的疫苗、器具等污染物必须进行消毒处理。

【贮藏与有效期】 在2℃～8℃条件下保存，有效期为12个月。

(十六)鸡支原体病疫苗

鸡支原体病(Avian mycoplasmosis)也称鸡霉形体病，是由败血支原体(霉形体)引起的一种慢性呼吸道传染病，在我国养鸡场中普遍存在。近年来，随着鸡只饲养密度的增大，鸡支原体病发病率越来越高。本病本身不会造成大量死亡，但很难根治且容易复发，整个饲养期内病情往往处于时起时伏、时轻时重的状态。其严重程度和病程受发病日龄、继发和并发感染、应激等多种因素影响。成鸡感染时多呈隐性，死亡率很低，发病期间种蛋孵化率下降，孵出的弱雏增多；雏鸡感染时死亡率较低，若与其他病并发感染，死亡率增高。本病在诊断上易与其他传染病混淆。若诱发其他疾病，会造成更大的经济损失。

目前，使用的疫苗主要有弱毒疫苗(F36株、F株、6/85株、TS-11株)和灭活疫苗2种。目前，国际上和国内使用的活疫苗是F株疫苗。F株致病力极为轻微，给1日龄、3日龄和20日龄雏鸡滴眼接种不引起任何可见症状或气囊上变化，不影响增重。活疫苗适用于早期免疫,在野毒感染之前建立良好的免疫力。种鸡在开产前最好用油乳剂支原体灭活疫苗免疫。鸡群发病以后再用活疫苗免疫效果不理想。支原体活疫苗不受母源抗体影响,可以早期免疫。免疫后,疫苗毒会定植于呼吸道和气囊上,不断刺激机体产生细胞免疫和局部免疫,保护呼吸道和气囊黏膜的完整性。

1. 鸡支原体活疫苗(F36株)

【主要成分】 含鸡支原体弱毒F36株。按瓶签注明羽份稀释后,其活菌数≥10^8CCU(颜色改变单位)/毫升。

【物理性状】 淡黄色海绵状疏松团块,易与瓶壁脱离,加稀释液后迅速溶解。

【作用与用途】 用于预防由鸡支原体引起的禽类慢性呼吸道疾病。适用于各种日龄的健康鸡,以8~60日龄时(最好在野毒感染前)使用为佳,免疫保护期为9个月。

【用法与用量】 点眼接种,按瓶签注明的羽份,用生理盐水或注射用水稀释成20~30羽份/毫升后进行接种,每只鸡点眼1~2滴(0.03~0.05毫升)。

【不良反应】 一般无可见不良反应。

【注意事项】 ①本品仅用于接种健康鸡。②疫苗稀释后置于冷暗处,限4小时内用完。③疫苗接种前2~4天、接种后至少20天内停用治疗鸡败血支原体的药物。④使用本苗时,不宜与鸡新城疫、鸡传染性支气管炎疫苗同时使用,最好间隔5~7天。⑤在已发病地区使用,应按紧急防疫处理。⑥用过的疫苗瓶、器具和未用完的疫苗等应进行消毒处理。

【贮藏与有效期】 在2℃~8℃条件下保存,有效期为6个月;-15℃以下保存,有效期为12个月。

2. 鸡支原体活疫苗(TS-11株)

【主要成分】 含鸡支原体(TS-11株)至少10^9CCU/毫升。

【物理性状】 本品为淡黄色澄明液体,静置后底部有少量沉淀物。

【作用与用途】 用于预防鸡败血支原体引起的慢性呼吸道病。

【用法与用量】 用于蛋鸡和种鸡点眼接种,每只 0.03 毫升。建议在 3~6 周龄时进行接种。使用时,取出后在温水(不超过 37℃)中快速融化,轻轻振摇,使疫苗混合均匀。在疫苗瓶上装上滴头。将鸡头倾向一侧,将疫苗轻轻滴在眼内,待疫苗全部进入眼内后再放开鸡。

【不良反应】 一般无可见不良反应。

【注意事项】 ①仅用于接种健康鸡。②融化后的疫苗,应放在阴凉处,并限在 3 小时内一次用完,未用完的应废弃。③疫苗融化后应避光、避热,防止接触消毒剂。④在接种前 2 周和接种后 4 周内,不得使用具有抗鸡支原体作用的药物。⑤用过的疫苗瓶、器具和稀释后未用完的疫苗等应进行消毒处理。

【贮藏与有效期】 在 -70℃ 条件下避光保存,有效期为 4 年;在 -18℃ 条件下保存,有效期为 4 周。

3. 鸡败血支原体灭活疫苗

【主要成分】 疫苗中含灭活的鸡败血支原体,灭活前的菌体 CR 株含量 $\geqslant 3.5 \times 10^{8.5}$ CCU/毫升。

【物理性状】 乳白色乳剂。

【作用与用途】 用于预防由鸡败血支原体引起的禽类慢性呼吸道疾病,免疫保护期为 6 个月。

【用法与用量】 颈背部皮下注射。40 日龄以内的鸡,每只注射 0.25 毫升;40 日龄以上的鸡,每只注射 0.5 毫升。蛋鸡在产蛋前再注射 1 次,每只 0.5 毫升。

【不良反应】 一般无可见不良反应。

【注意事项】 ①注射前应将疫苗恢复至室温,并充分摇匀。②颈部皮下注射,注射部位不得距头部太近,以中下部为宜。③注射部位要严格消毒,并勤换针头。④用过的疫苗瓶、器具、未用完的疫苗等应进行消毒处理。

【贮藏与有效期】 在2℃～8℃条件下保存,有效期为12个月。

4. 鸡败血支原体灭活疫苗(R株)

【主要成分】 本品系用鸡败血支原体R株接种适宜培养基培养,将培养物浓缩,灭活后,与矿物油佐剂混合乳化制成。用于预防由鸡支原体引起的慢性呼吸道疾病。疫苗中含灭活的鸡败血支原体R株,灭活前至少为10^6CCU/羽份。

【物理性状】 乳白色乳剂。

【作用与用途】 用于预防鸡败血支原体感染。

【用法与用量】 颈中部皮下注射,每只注射0.5毫升。在至少4周后进行加强免疫。

【注意事项】 ①仅用于接种健康鸡。②使用前应将疫苗恢复至室温。③使用前及使用中均须充分摇匀疫苗。④疫苗瓶开封后应一次用完。⑤本品应避光保存。⑥应使用灭菌注射器进行接种。⑦如果不小心误将疫苗注入人体,应立即就医。⑧屠宰前42天禁止使用。⑨用过的疫苗瓶、器具、未用完的疫苗等应进行消毒处理。

【贮藏与有效期】 2℃～8℃保存,有效期为18个月。

5. 鸡支原体、传染性鼻炎二联双价灭活疫苗

【主要成分】 本品系用鸡支原体CR株和鸡副嗜血杆菌A型C-Hpg-8株和C型Hpg-668株分别接种于特定培养基培养,收获培养物,浓缩后按一定比例混合,经甲醛溶液灭活后与油佐剂乳化制成。

【物理性状】 本品为白色均质乳剂,油包水型。

【作用与用途】 用于预防鸡败血支原体病和鸡传染性鼻炎,经2～3次免疫可切断卵传递途径,达到2种疫病同时防治的目的。

【用法与用量】 颈背部皮下向心方向注射,成鸡也可以在胸、腿肌内注射。2～4周龄内雏鸡每只注射0.3毫升,成鸡每只注射0.5毫升。对种鸡群推荐2～3次免疫,12月龄以上肉、蛋鸡强化免疫量每只1毫升。接种后2～3周产生免疫,保护期为6个月。

【不良反应】 注射本疫苗对鸡群一般无不良反应,一过性应激反应在注射后1～3天消失。

【注意事项】 ①用时充分摇匀,恢复至室温(20℃～25℃),少许分层不会影响产品质量。②仅用于健康鸡接种,体质瘦弱或患有其他疾病者不宜使用。③本品切忌冻结,冻结后的疫苗严禁使用。④开瓶的疫苗限当日用完。⑤接种时应做局部消毒处理。⑥接种后,在接种部位可见短时间的轻微肿胀。⑦用于肉鸡时,屠宰前21天内禁止使用。⑧用过的疫苗瓶、器具、未用完的疫苗等应进行消毒处理。

【贮藏与有效期】 在2℃～8℃条件下避光保存,有效期为12个月。

(十七)鸡球虫病疫苗

鸡球虫病(Coccidiosis in chicken)是鸡常见且危害十分严重的寄生虫病,是由一种或多种球虫引起的急性流行性寄生虫病。病原为原虫中的艾美耳科、艾美耳属的球虫。世界各国已经记载的鸡球虫种类共有13种之多,我国已发现9种。本病主要侵害10～30日龄的雏鸡或35～60日龄的青年鸡,死亡率可高达80%。鸡球虫病造成的经济损失主要包括:①球虫病暴发引起的部分鸡只死亡;②昂贵的药物防治费用(抗球虫药费约占肉鸡全部药费开支的1/4);③生产性能降低(增重减缓、饲养期延长、饲料转化率降低、皮肤着色差、生长均匀度低等);④继发梭菌及大肠杆菌感染造成的损失及其所需的治疗费用;⑤治疗药物的毒副作用(如超量使用磺胺类药物引起脱水、肾脏肿大、生长抑制等）。因此，无论是急性暴发还是亚临床感染，鸡球虫病都会给养鸡生产造成巨大的经济损失。据报道，全世界每年因鸡球虫病造成的经济损失高达30多亿美元。

1. 鸡球虫病疫苗的种类及应用　鸡球虫病的疫苗有强毒活疫苗和弱毒活疫苗之分，目前应用的多为弱毒活疫苗，并分为三价活疫苗和四价活疫苗2种。使用时，应根据本场的实际情况选择适宜的疫苗种类。

（1）鸡球虫病三价活疫苗

【主要成分】　本品系用柔嫩艾美耳球虫、毒害艾美耳球虫和巨型艾美耳球虫的孢子化卵囊通过化学、物理方法双重处理致弱后，按适当比例混合制成。

【物理性状】　橙黄色悬浮液。

【作用与用途】　用于预防雏鸡球虫病。接种后14天产生免疫力，免疫保护期为12个月。

【用法与用量】　经拌料或饮水接种。肉鸡分别在3日龄、8日龄、16日龄时进行3次接种，蛋鸡和种鸡分别在3日龄、10日龄、20日龄时进行3次接种。

拌料接种时，将疫苗加适量水稀释，先拌入少量饲料内，然后逐步扩大拌料量至喂饲一顿的量，充分拌匀，以手捏不出水、放手即松散为宜。将拌有疫苗的饲料均匀散于一块或多块薄膜上，投喂已断食3小时的雏鸡，使每只鸡都有足够的采食机会。

饮水接种，接种前1天，根据待接种的鸡只数量计算好用水量，按0.3%的比例加入悬浮剂羧甲基纤维素钠，搅匀。翌日将疫苗倒入悬浮液中，搅匀后放入饮水用具内，投喂已断水3小时的雏鸡。

【注意事项】　①疫苗在贮存和运输时，切忌冻结。②疫苗使用期间停止服用抗球虫药物。③使用前需停食或停水3小时，以利于雏鸡充分服用疫苗。④拌料接种时,拌料必须均匀,严格掌握饲料的湿度和数量(应事先精确计算不同日龄鸡一餐的采食量)。⑤饮水接种时,饮水中应不含氯等消毒剂,饮水要清洁,忌用金属容器。⑥用过的疫苗瓶、器具、未用完的疫苗等应进行消毒处理。

【贮藏与有效期】 在2℃～8℃条件下保存,有效期为9个月。

(2)鸡球虫病四价活疫苗

【主要成分】 本品含柔嫩艾美耳球虫(PTMZ株)、毒害艾美耳球虫(PNHZ株)、巨型艾美耳球虫(PMHY株)和堆型艾美耳球虫(PAHY株)4种球虫卵囊,均由药敏虫株经早熟选育致弱获得。

【物理性状】 白色或类白色溶液,静置后底部有少量沉淀。

【作用与用途】 用于预防鸡球虫病。接种后14天开始产生免疫力,免疫力可持续至饲养期末。

【用法与用量】 于3～7日龄饮水免疫,每鸡1羽份。每瓶1 000羽份(或5 000羽份)的疫苗对水6升(或30升),加入1瓶(或5瓶)球虫病疫苗助悬剂,配成混悬液。供1 000羽(或5 000羽)雏鸡自由饮用,平均每只鸡饮用6毫升球虫疫苗混悬液,4～6小时饮用完毕。

【不良反应】 接种疫苗后12～14天,个别鸡只可能会出现排血便的现象,不需用药。如果出现排血便严重或球虫病死鸡,则用磺胺喹噁啉或磺胺二甲嘧啶按推荐剂量投药1～2天,即可控制。

【注意事项】 ①本品严禁结冻,或在靠近热源的地方存放。仅用于接种健康雏鸡,使用时应充分摇匀。②使用本品期间,严禁在饲料中添加任何抗球虫药物。③建议不要逐日扩栏,接种球虫疫苗后第七天,将育雏面积一步到位地扩大到免疫接种后第十七天所需的育雏面积,以利于鸡群获得均匀的重复感染机会;接种球虫疫苗后8～16天不可更换垫料,垫料的湿度以25%～30%(用手抓起一把垫料时,手心有微潮的感觉)为宜。④做好免疫抑制性疾病的预防和控制工作,许多免疫抑制性疾病如传染性法氏囊病、马立克氏病、真菌毒素中毒等,会严重影响抗球虫病免疫力的建立,加重肠道反应。⑧接种球虫疫苗后的10~14天,是疫苗反应较强的阶段,在此期间应尽量避免断喙、注射其他疫苗和转群等工作。

2. 导致鸡球虫病免疫失败的原因分析 很多因素都会影响球虫病疫苗免疫效果,总结起来主要有以下几方面。①疫苗品质。疫苗没有包含当地流行的所有致病球虫种类,疫苗虫株免疫原性较差,疫苗不含足够数量的活力卵囊,疫苗运输保存条件不符合要求等都会影响到免疫接种的效果。②免疫接种的方法与接种剂量的均匀性。免疫接种的方法要确实能保证接种剂量的均匀性,如果免疫接种剂量不均匀,经鸡体繁殖后散播于垫料中的大量疫苗子代卵囊或现场强毒球虫,会使遗漏免疫或免疫剂量不足的鸡只因缺少基础免疫而发生重度感染,从而出现严重血便和增重受阻,影响免疫效果甚至造成免疫失败。③球虫免疫鸡群的垫料管理。免疫接种球虫病疫苗后,要创造适宜疫苗子代卵囊孢子发育的条件,让鸡群经受适度且均匀的重复感染,这对鸡群建立坚强的抗球虫免疫力极为重要。④免疫鸡群的扩栏与迁群。在免疫鸡群大量排出疫苗子代卵囊时期要适当增加育雏面积,而在鸡群食入疫苗子代卵囊获得重复感染期间不扩栏、不迁群,对顺利实现加强免疫亦是重要一环。⑤严格遵守对饲料添加剂和药物使用的有关要求。球虫病疫苗是由药敏虫株制成,在抗球虫免疫力建立期间,鸡群所喂饲料或饮水均不能添加具有抗球虫活性的药物或添加剂,否则疫苗虫株将无法在接种鸡只体内有效繁殖,从而影响鸡群抗球虫免疫力的产生,不能达到预期免疫保护效果,往往导致免疫失败。⑥免疫抑制性疾病感染。曲霉菌病、真菌毒素中毒、传染性法氏囊病、马立克氏病、鸡传染性贫血、网状内皮增生症等均可加重球虫病疫苗反应,抑制抗球虫免疫力的建立,影响免疫效果,导致免疫失败。

(十八)鸭瘟疫苗

鸭瘟(Duck plague,DP)俗称大头瘟,又名鸭病毒性肠炎(Duck virusenteritis,DVE),是鸭、鹅和其他雁形目禽类的一种急性、接触性病毒病。其特征是传播迅速、发病率和死亡率均高。任何品种、年龄和性别的鸭都有很高的易感性。主要侵害鸭的循环系统、消化道、淋巴样器官和实质脏器,引起头、颈部皮下胶样水肿,消化道黏膜出血、坏死、形成假膜,肝脏有特征性出血点和坏死点。本病流行广泛,是目前重要的鸭、鹅传染病之一。

鸭瘟预防疫苗分为灭活疫苗和弱毒疫苗2种,灭活疫苗是用鸭瘟病毒强毒接种健康易感鸭,取发病死亡鸭的肝、脾、脑等组织经研碎过滤加甲醛灭活而成,其安全性好,保护率高,但免疫期只有5个月,且产量小、成本高。目前,国内外广泛使用的免疫制剂是鸭瘟弱毒疫苗。

1. 鸭瘟活疫苗

【主要成分】 本品系用鸭瘟鸡胚化弱毒株接种 SPF 鸡胚或鸡胚成纤维细胞,收获感染的鸡胚液。胎儿及绒毛尿囊膜混合研磨或收获细胞培养液,加适宜稳定剂,经冷冻真空干燥制成。每羽份含组织毒或细胞毒不少于 0.005 克(毫升)。

【物理性状】 组织苗呈淡红色,细胞苗呈淡黄色,均为海绵状疏松团块,易与瓶壁脱离,加稀释液后迅速溶解。

【作用与用途】 用于预防鸭瘟,接种后 3~4 天产生免疫力,2 月龄以上鸭的免疫保护期为 9 个月;对初生鸭也可接种,免疫保护期为 1 个月。

【用法与用量】 肌内注射。雏鸭:按瓶签注明羽份用生理盐水稀释,每 0.25 毫升含 1 羽份,每只肌内注射 0.25 毫升。成鸭:按瓶签注明羽份用生理盐水稀释,每毫升含 1 羽份,每只肌内注射

1毫升。

【不良反应】 一般无可见不良反应。

【注意事项】 ①仅供健康鸭群免疫接种。②疫苗稀释后应放于冷暗处,必须在4小时内用完。③接种时应执行常规无菌操作。④对初生鸭在2个月后应进行1次加强免疫。⑤发育不良的鸭不宜使用。纯种鸭要先进行少量试种观察,无不良反应后方可扩大使用。⑥剩余的疫苗及空瓶不得随意丢弃,须经加热或消毒灭菌后方可废弃。

【贮藏与有效期】 −15℃以下保存,有效期为24个月。

2. 鸭瘟、鸭病毒性肝炎二联油乳剂灭活疫苗

【主要成分】 本品系用鸭瘟病毒、鸭病毒性肝炎病毒分别接种非免疫鸭胚或无特定病原鸡胚繁殖后,收取胚液,经灭活后,按一定比例混合,加入油佐剂乳化制成。

【物理性状】 本品为白色或近白色。

【作用与用途】 用于预防种鸭的鸭瘟和鸭病毒性肝炎。

【用法与用量】 皮下或肌内注射,每只注射1毫升。一般28~30日龄首免,产蛋前23~24周龄二免,可保证种鸭在60周龄内不发生鸭瘟。

【不良反应】 一般无可见不良反应。

【注意事项】 ①必须充分摇匀,瓶口开封后限当天用完。②仅用于健康鸭群的免疫预防,对已感染发病的鸭没有治疗作用。③接种完毕,剩余疫苗应以燃烧或煮沸的方式做灭活处理。

【贮藏与有效期】 在2℃~8℃条件下避光保存,有效期为12个月。

3. 鸭瘟、鸭副黏病毒病二联油乳剂灭活疫苗

【主要成分】 本品系用鸭瘟病毒、鸭副黏病毒分别接种非免疫鸭胚或SPF鸡胚繁殖后,收取胚液,经灭活后,按一定比例混合,加入油佐剂乳化制成。

【物理性状】 本品为白色或近白色,每羽份内含鸭瘟病毒不低于 $10^8 EID_{50}$,含鸭副黏病毒不低于 $10^9 EID_{50}$。

【作用与用途】 用于预防鸭瘟和鸭病毒性肝炎。

【用法与用量】 鸭群 1~2 周龄第一次免疫,皮下或肌内注射,每只注射 0.3~0.5 毫升;产蛋前 2~4 周第二次免疫,每只注射 0.5~1 毫升。

【不良反应】 一般无可见不良反应。

【注意事项】 ①必须充分摇匀,瓶口开封后限当天用完。②仅用于健康鸭群的免疫预防,对已感染发病的鸭没有治疗作用。③接种完毕,剩余疫苗应以燃烧或煮沸的方式做灭活处理。

【贮藏与有效期】 在 2℃~8℃ 条件下避光保存,有效期为 12 个月。

4. 鸭瘟、鸭病毒性肝炎二联弱毒活疫苗

【主要成分】 本品系用鸭瘟鸡胚化弱毒株(C-KCE 株)、鸭病毒性肝炎鸡胚化弱毒株(QL79 株)接种无特定病原鸡胚,收获感染的鸡胚液、胎儿、羊水及绒毛尿囊膜混合研磨,加适宜稳定剂,经冷冻真空干燥制成。

【物理性状】 本品为白色或近白色海绵状疏松团块,易与瓶壁脱离,加稀释液后迅速溶解。

【作用与用途】 用于预防成鸭鸭瘟,并为子代雏鸭提供鸭病毒性肝炎母源抗体保护。对成鸭鸭瘟免疫保护期为 9 个月,对子代雏鸭提供鸭病毒性肝炎母源抗体保护期为 4 个月。

【用法与用量】 肌内注射。雏鸭,按瓶签注明羽份用生理盐水稀释成每 0.25 毫升含 1 羽份,每只肌内注射 0.25 毫升。成鸭,按瓶签注明羽份用生理盐水稀释成每毫升含 1 羽份,每只肌内注射 1 毫升。

【不良反应】 一般无可见不良反应。

【注意事项】 ①同鸭瘟活疫苗。②剩余的疫苗及空瓶不得随

意丢弃,须经加热或消毒灭菌后方可废弃。

【贮藏与有效期】 在2℃~8℃条件下避光保存,有效期为12个月。

(十九)鸭病毒性肝炎疫苗

鸭病毒性肝炎(Duck virus hepatitis,DHV)是由Ⅰ型鸭肝炎病毒(DHV-Ⅰ)引起雏鸭的一种传播迅速和高度致死性传染病。主要特征为肝脏肿大,有出血斑点和神经症状。本病主要发生于4~20日龄雏鸭,成年鸭有抵抗力,鸡和鹅不能自然发病。病鸭和带毒鸭是主要传染源,主要通过消化道和呼吸道感染。饲养管理不良,缺乏维生素和矿物质,鸭舍潮湿、拥挤,均可促使本病发生。本病发生于孵化雏鸭的季节,一旦发生,在雏鸭群中传播很快,发病率可高达100%。

1. 鸭病毒性肝炎弱毒疫苗

【主要成分】 本品系将鸭病毒性肝炎病毒鸡胚化弱毒株接种于鸡胚或鸡胚成纤维细胞,培养增殖,收获含毒胚体和胚液或细胞培养液,按一定比例混合,再加保护剂冷冻干燥制成。

【物理性状】 淡黄色或粉红色疏松体,加稀释液后迅速溶解,用于预防鸭病毒性肝炎。

【作用与用途】 用于2月龄以上的各品种的鸭。注射疫苗后3~4天即可产生免疫力,2月龄以上的鸭免疫保护期为9个月,初生雏鸭的保护期为1个月。

【用法与用量】 按瓶签注明羽份,用灭菌生理盐水稀释混合均匀后,颈部皮下注射或肌内注射,每只0.5毫升。若采用饮水免疫,剂量需加倍。

【不良反应】 一般无不良反应,个别鸭会出现食欲减退、精神不振,2~3天即可自行恢复。

【注意事项】 ①疫苗稀释后应放置在冷暗处,须在2小时内用完。②剩余的疫苗及空瓶不得随意丢弃,须经加热或消毒灭菌后方可废弃。

2. 鸭瘟、鸭病毒性肝炎二联弱毒活疫苗 详见鸭瘟防治用疫苗。

(二十)番鸭细小病毒病疫苗

番鸭细小病毒病(Muscovy duck parvovrius,MPV)俗称"三周病",是由细小病毒引起的一种急性、败血性传染病,其特点是具有高度传染性和死亡率。主要发生于3周龄以内的雏番鸭。病变的主要特征是肠道严重发炎,肠黏膜坏死、脱落,肠管膨肿、出血。1~5周龄为易感期,7~20日龄雏番鸭最易感,自然感染死亡率为30%~80%,最高可达100%,耐过的鸭成为僵鸭,给养殖业造成极大的经济损失。

目前,用于预防雏番鸭细小病毒病的疫苗主要有雏番鸭细小病毒弱毒疫苗,一般采用肌内或皮下注射。也有二价弱毒疫苗正在研制,并在部分地区试用。

雏番鸭细小病毒病活疫苗

【主要成分】 本品系用番鸭细小病毒弱毒 P1 株接种番鸭胚成纤维细胞培养,收获细胞培养液制备的液体苗或加适宜稳定剂,经冷冻真空干燥制成的冻干苗。用于预防雏番鸭细小病毒病。

【物理性状】 液体苗为淡红色透明液体,冻干苗为微黄色海绵状疏松团块,加汉克氏液或生理盐水后迅速溶解,呈均匀混悬液。

【作用与用途】 用于预防雏番鸭细小病毒病。注射疫苗后7天产生免疫力,免疫期为 6 个月。

【用法与用量】 腿部肌内注射,冻干苗按瓶签注明羽份,用生理盐水或汉克氏液稀释后使用,液体苗融化后即可使用,每只雏番鸭注射 0.2 毫升。

【注意事项】 ①冻干苗现用现稀释。②液体苗融化后,如发现沉淀或异物应废弃。③冻干苗稀释后、液体苗融化后,应放于冷暗处,必须当日用完。④雏番鸭群发生细小病毒病流行时,不宜注射本疫苗。⑤雏番鸭群发生鸭疫巴氏杆菌病、小鸭病毒性肝炎等疫病时,不宜注射本疫苗。⑥剩余的疫苗及空瓶不得随意丢弃,须经加热或消毒灭菌后方可废弃。

【贮藏与有效期】 冻干苗在 −20℃ 条件下保存,有效期为 36 个月;在 2℃～8℃ 条件下保存,有效期为 24 个月。液体苗在 −20℃ 条件下保存,有效期为 18 个月。

(二十一)小鹅瘟疫苗

小鹅瘟(Gosling plague)是由鹅细小病毒引起的雏鹅急性败血性传染病。病雏鹅的临床特点是精神委顿,食欲废绝,严重下痢,有时出现神经症状,死亡率高。本病常呈败血经过,发病率和死亡率很高,对养鹅业危害极大。

1. 小鹅瘟疫苗的种类及应用 目前,小鹅瘟疫苗根据使用对象的不同可分为种鹅用疫苗和雏鹅用疫苗 2 种。种鹅用疫苗又可分为鹅胚化强毒疫苗和鸭胚化弱毒疫苗 2 种。前者仅限于在小鹅瘟流行地区使用,后者属于弱毒苗,使用安全性较高。雏鹅用疫苗可分为鹅胚化弱毒疫苗和鸭胚化弱毒疫苗 2 种。活疫苗有冻干苗和湿苗 2 种。

(1)小鹅瘟鸭胚化疫苗(GD 株)

【主要成分】 本品系用小鹅瘟鸭胚化弱毒 GD 株(自然强毒连续通过鸭胚致弱育成)接种易感鸭胚,收获感染胚液,加适当稳定剂后,经冷冻真空干燥后制成的冻干疫苗,每羽份病毒含量不少于 $10^3 ELD_{50}$。

【物理性状】 疫苗呈微黄色或微红色海绵状疏松团块状,易

第三章　家禽常用疫苗的合理使用

与瓶壁脱离,加稀释液后迅速溶解。

【作用与用途】　供产蛋前的母鹅注射,用于预防小鹅瘟。于母鹅产蛋前20~30天免疫后,后代可获得高度保护,一般在免疫后21~270天所产种蛋孵出的小鹅具有抵抗小鹅瘟的免疫力。

【用法与用量】　肌内注射,在母鹅产蛋前20~30天,按瓶签注明羽份,用生理盐水稀释疫苗,每只注射1毫升。

【不良反应】　本品注射后,对健康母鹅一般无可见不良反应。

【注意事项】　①本疫苗雏鹅禁用。②疫苗稀释后应放于冷暗处保存,4小时内用完。③使用前,对鹅群必须进行健康检查,不健康的鹅不能免疫。④用过的疫苗瓶、器具和稀释后剩余的疫苗须经加热或消毒灭菌后方可废弃。

【贮藏与有效期】　在-15℃以下保存,有效期为12个月;在0℃~4℃条件下保存,有效期为1个月;在4℃~8℃条件下保存,有效期为14天。

(2)小鹅瘟鹅胚弱毒疫苗

【主要成分】　本品系用小鹅瘟弱毒株SYG 26-35株(种鹅)接种易感鹅胚培养,收获感染胚液,分别制成种鹅或雏鹅用小鹅瘟湿苗,或加适当稳定剂后,经冷冻真空干燥后制成的冻干疫苗,含小鹅瘟病毒(SYG 26-35株)至少 $10^5 ELD_{50}$/羽份。

【物理性状】　湿苗为无色或淡红色澄明液体,静置后可能有少许沉淀物。冻干苗为淡黄色或淡红色海绵状疏松团块,易与瓶壁脱离,加稀释液后迅速溶解。

【作用与用途】　用于母鹅的免疫预防,于母鹅产蛋前20~30天免疫后,后代可获得高度保护,一般在免疫后21~270天所产种蛋孵出的小鹅具有抵抗小鹅瘟的免疫力。

【用法与用量】　肌内注射,在母鹅产蛋前20~30天,按瓶签注明羽份,用生理盐水稀释疫苗,每只注射1毫升。

【不良反应】　一般无可见不良反应。

【注意事项】 ①本疫苗雏鹅禁用。②疫苗稀释后应放于冷暗处保存,并于当日用完。③注射疫苗用的针头和注射器等用具,用前需经高压蒸汽或煮沸消毒。④用过的疫苗瓶、器具和稀释后剩余的疫苗等污染物不得随意丢弃,须经加热或消毒灭菌后方可废弃。

【贮藏与有效期】 在-15℃条件下保存,有效期为12个月。

(3) 小鹅瘟活疫苗(SYG41-50株)

【主要成分】 含小鹅瘟病毒(SYG41-50株)至少 $10^5 ELD_{50}$/羽份。

【物理性状】 湿苗为无色或淡红色澄明液体,静置后可能有少许沉淀物。冻干苗为淡黄色或淡红色海绵状疏松团块,易与瓶壁脱离,加稀释液后迅速溶解。

【作用与用途】 用于预防雏鹅小鹅瘟。

【用法与用量】 皮下注射,每只注射0.1毫升(1羽份)。适用于未经免疫种鹅所产的雏鹅,或免疫后期(100天后)种鹅所产的雏鹅。按瓶签注明羽份用灭菌生理盐水稀释,在雏鹅出壳后48小时内进行接种。

【不良反应】 一般无可见不良反应。

【注意事项】 ①疫苗稀释后应冷藏,并于当日用完。②在疫区使用本疫苗时,雏鹅接种后须隔离饲养9天,防止在未产生免疫力之前感染小鹅瘟强毒而造成保护率下降。③注射疫苗用的针头和注射器等用具,用前需经高压蒸汽或煮沸消毒。④用过的疫苗瓶、器具和稀释后剩余的疫苗等污染物做消毒处理或予以烧毁,不得随意丢弃。

【贮藏与有效期】 在-15℃以下避光保存,冻干苗有效期为24个月。

2. 导致小鹅瘟免疫失败的原因分析 导致小鹅瘟免疫失败的一个重要原因是免疫程序不合理。免疫程序与当地本病流行情况不符,种鹅未进行加强免疫或2次免疫时间间隔太近。在生产实践中,很多养殖场(户)采用疫苗和抗病血清同时使用,导致免疫失败。抗病血清的有效保护期通常为 10~15 天,注射抗病血清后,要及时注射疫苗才能保证家禽长期获得有效的保护。此外,其他原因也会导致疫苗的免疫失败,如鹅群健康状况较差、疫苗质量不良、饲养环境和自然条件导致应激较多等都会造成本病的免疫失败。

第四章 家禽常用卵黄抗体的合理使用

卵黄抗体(IgY)又称蛋黄抗体、卵黄免疫球蛋白,是鸡血清IgG转移到卵黄中形成的多克隆抗体。自 1893 年 Klemperer 首次报道鸡蛋中存在抗体以来,卵黄抗体的研究不断深入,目前在卵黄抗体的形成、生物学特性等方面已研究得比较清楚,并且卵黄抗体作为诊断试剂和防治药物的研究越来越受到关注。随着人们越来越重视食品中抗生素有害残留等问题后,卵黄抗体作为较为理想的抗生素替代品,越来越受到人们的关注,其用量越来越大,有着很好的开发应用前景。

尽管我国已经在大量研究、生产和使用卵黄抗体,但目前仍没有统一的质量标准和操作规程。目前卵黄抗体在动物和人的食品添加剂以及保健品等领域已经有了很多商业化产品,但主要以国外的产品为主,其价格较高,影响了其在养殖业中的应用。

一、卵黄抗体的作用、应用范围及使用时的注意事项

(一)卵黄抗体的作用

禽类的免疫系统包括细胞免疫和体液免疫,分别受胸腺和法氏囊的控制。当机体受到外来抗原刺激后,法氏囊内的 B 细胞分化成为浆细胞,分泌特异性抗体进入血液循环,当血液流经卵巢时,特异性抗体(主要是 IgG)在卵细胞中逐渐蓄积,形成卵黄抗体。当卵细胞分泌进入输卵管时,流经输卵管的血液中含有的特异性抗体(主要是 IgA 和 IgM)进入卵清中,形成卵清抗体。IgG

第四章 家禽常用卵黄抗体的合理使用

移行进入卵细胞是受体作用的结果,因而 IgG 可在卵细胞中大量蓄积,浓度高于血液中的 IgG。与卵黄抗体相比,卵细胞在输卵管中移行的时间较短,因而卵清抗体含量极微。卵黄抗体在禽胚孵化过程中逐渐进入禽胚血液,为刚出壳雏鸡提供被动免疫保护,在雏鸡疾病预防中具有重要作用,但同时也会干扰疫苗的免疫效果。

对卵黄抗体发挥作用的机制研究并不完全清晰,目前已知主要有以下几种机制。

第一,治疗肠道疾病。目前人们认为卵黄抗体针对胃肠道疾病的作用机制类似于母乳抗体,认为有三大作用机制。一是特定病原菌的卵黄抗体能直接黏附于病原菌的细胞壁上,改变病原细胞的完整性,直接抑制病原菌的生长;二是卵黄抗体可黏附于细菌的菌毛上,使之不能黏附于肠道黏膜上皮细胞;三是部分卵黄抗体在肠道消化酶作用下,降解为可结合片段,这些片段含有抗体的可变小肽(Fab)部分,这些小肽很容易被肠道吸收,进入血液后能与特定的病原菌黏附因子结合,使病原菌不能黏附易感细胞而失去致病性,而 IgY 的稳定区(Fe 部分)留在肠内。

第二,治疗非肠道疾病。在消化酶的作用下,卵黄抗体部分降解为小肽,极易被肠道吸收,进入血液后能与特定病原菌的黏附因子结合,使致病菌不能黏附易感细胞而失去致病性,从而可对非肠道病原菌发挥抑菌作用。

第三,抗病毒。卵黄抗体不但阻断新的病毒进入细胞致病,而且还可以中和感染上皮细胞排出的病毒,阻止其再感染。此外,在体内卵黄抗体除了具有中和病毒的作用外,还有促进吞噬细胞吞噬并清除病毒的作用。

(二)卵黄抗体的应用范围

卵黄抗体是一种特殊的生物制品,其无论在动物疾病的诊断、治疗,还是在动物疾病的预防中都发挥着重要的作用。

卵黄抗体和哺乳动物免疫球蛋白有许多不同之处,卵黄抗体不能与金黄色葡萄球菌 A 蛋白结合,不与哺乳动物 Fc 受体结合,对哺乳动物补体无固定作用,这使得卵黄抗体在检测诊断上具有更强的特异性和灵敏度,所以卵黄抗体可以应用于免疫荧光试验、酶联免疫吸附试验、免疫扩散、免疫电泳等。研究者用卵黄琼脂扩散试验检验卵黄中的传染性法氏囊病抗体水平,结果表明用卵黄琼脂扩散试验替代血清琼脂扩散试验检测传染性法氏囊病抗体水平是可行的,并且具有经济、省力、省时的特点。此外,卵黄抗体有望取代传统的多克隆抗体的生产,获取大量更有效的抗体,同时也可减少对动物的副作用,提高动物的福利。

目前,卵黄抗体在许多疾病的治疗中也发挥着重要作用。研究者应用抗鸭病毒性肝炎的卵黄抗体治疗人工感染鸭时,卵黄抗体的保护率可达 100%。张英等用抗小鹅瘟的卵黄抗体治疗发病鹅群,治愈率为 95.2%。此外,应用多种病原菌免疫制备的卵黄抗体还可以防治多种病原菌的感染。卵黄抗体治疗疾病具有安全、高效且无残留的优点。

卵黄抗体在免疫学理论中可成为被动免疫制剂。当免疫缺陷、疫苗缺乏及免疫失败时,可利用卵黄抗体注射或口服替代主动免疫的疫苗接种,发挥抗病作用,不过要注意的是卵黄抗体的有效期较短。

研究证实,卵黄抗体能抵抗幼龄动物肠道中胰蛋白酶和胰凝乳蛋白酶的消化。因此,可在幼雏饲料或添加剂中加入一定量的针对某些特定疾病的卵黄抗体,以使其获得有效的被动免疫。

鸡卵黄免疫球蛋白是一种高产、优质的多克隆抗体,而且生产技术较为成熟,用卵黄大量生产、制备多克隆抗体,具有产量高、成本低、经济方便的特点。同时,使用卵黄抗体技术生产免疫球蛋白,可以减少对动物的应激,提高动物福利。因此,卵黄抗体在生物制品的开发和疾病的防治方面具有广阔的前景。卵黄抗体作为替代抗生素的新型饲料添加剂正在引起人们的关注,IgY 取代抗生素用作生长促进剂,不会产生药物残留,是一种安全的绿色添加剂。但是卵黄抗体在防治动物疾病的过程中也存在着不可避免的缺点,如可能带有蛋传染性疾病的病原,对养禽业存在潜在的威胁。

尽管我国已经在大量研究、生产和使用卵黄抗体,但目前仍没有统一的质量标准和操作规程。目前,卵黄抗体在动物和人的食品添加剂以及保健品等领域已经有了很多商业化产品,但主要以国外的产品为主,其价格较高,阻碍了其在养殖业中的应用。

总之,卵黄抗体是一种来源丰富、制备简单、特异性好、见效快的绿色环保型生物制剂,其作为一种理想的绿色饲料添加剂已被广大畜牧工作者接受,并得到了广泛的应用,取得了较好的效果。在提倡健康养殖、保障畜禽产品安全和人类健康的今天,卵黄抗体在饲料和食品添加剂领域具有良好的开发和应用前景。

(三)卵黄抗体使用时的注意事项

第一,购买可靠产品。卵黄抗体是一种特殊的商品,其质量的好坏凭感官无法判断,目前我国尚无卵黄抗体生产的统一质量标准,因此为保证家禽卵黄抗体的质量,养殖业主需要购买时,必须到县级以上动物防疫监督所或定点销售单位购买,这样可购买到符合中华人民共和国《兽用生物制品质量标准》要求的家禽卵黄抗体。此外,还应向销售人员或兽医技术人员咨询了解家禽卵黄抗体的特点、作用、用途、使用方法及注意事项。切勿购买假劣家禽卵黄抗体,以免造成不必要的损失。在使用家禽高免卵黄液过程中,如发现质量问题,应立即停止使用,并及时与供货单位取得联系,告知家禽卵黄抗体的生产厂家、产品批号、产品规格、批准文号、生产日期、厂家电话及使用过程中出现的情况,并保留未开启的家禽卵黄抗体作为证据。

第二,选择合适的温度贮存和运输。由于各生产厂家、科研单位的生产工艺不同,目前有冷冻(0℃以下)和冷藏(4℃~8℃)两种保存方式的家禽卵黄抗体产品。因此,卵黄抗体必须依据标签上规定的温度进行保存,才能发挥其最佳的治疗作用。如保存温度过高,卵黄液易降解、变质和引起细菌繁殖;如保存温度过低,虽然卵黄抗体效价不变,但解冻后有少量卵黄液呈絮状凝结,这些呈絮状凝结的卵黄液如振摇不均匀易堵塞针孔,影响临床操作和注射剂量的准确性。总之,应用最佳的贮存方式来保存卵黄抗体,既不影响抗体效价,又不影响注射剂量。此外,需要特别注意的是要避免高温和阳光直射,尤其要避免由于温度高低不定而引起的反复冻结和融化。

第三,注射前应进行严格的检查,卵黄抗体质量的好坏直接关系到患病家禽的治疗效果。因此,使用前必须检查卵黄抗体,如发现瓶有裂纹、破损,瓶塞松动,瓶签丢失,没有检验号码,过期,混有杂质或长霉,结块以及沉淀、腐败变质等,绝对不能使用。此外,瓶签记载的名称、用途、用法、用量、容量、贮藏方法、产品批号、有效期、批准文号及厂名、厂址、联系电话等都必须清楚。其产品色泽必须与说明书上记载的相符,否则不能使用。

第四,正确进行解冻。冷冻(0℃以下)保存的家禽卵黄抗体,临床应用前应将其放入洁净的凉水中解冻或让其自然融化(切忌放入温水中解冻,以免影响其抗体效价),然后待其升至室温(减少对家禽的应激)时,用力充分振荡,使其均匀后方可使用。冷藏(4℃~8℃)保存的家禽卵黄抗,从冰箱里取出,待其升至室温后充分摇匀,方可使用。

第五,注射量不宜过大。临床应用家禽卵黄抗体,要严格按照产品使用说明的要求,做到科学合理地应用。要依患病家禽的日龄、体重、病情轻重程度来灵活调节卵黄抗体的有效治疗剂量,力求剂量适当准确,确保获得良好的临床效果。临床上常用注射量

第四章 家禽常用卵黄抗体的合理使用

为雏鸡1~1.5毫升/只、成年鸡2毫升/只,注射量过大不仅起不到作用,反而会造成不良后果,严重时可导致大批死亡。在注射过程中,必须防止因家禽骚动而造成卵黄抗体注入量不足。此外,应特别注意每瓶卵黄抗体启封后应尽快一次性用完,以保证治疗效果。

第六,掌握合理的应用时机。卵黄抗体的疗效与其使用时间密切相关,发病初期的鸡群紧急注射卵黄抗体,不但可以减少卵黄抗体用量,而且能明显增强疗效,将死亡率控制在2%左右。在发病中、后期使用卵黄抗体时,即使加大用量,也难有理想的效果。因此,当家禽发病时,要做到及时发现、及时用药治疗,以减少养殖场(户)的经济损失。卵黄抗体对早期患病禽群疗效显著、确切,对中、晚期病禽效果不明显,故应尽早应用。病情严重者应重复和加量使用。

第七,采取综合防治措施。兽医临床上用卵黄抗体治疗家禽因免疫失败而引发的相应病毒性疫病(如鸡新城疫、鸡传染性喉气管炎、鸡传染性法氏囊病、鸭病毒性肝炎、鹅副黏病毒病等),必须在采取综合治疗措施的基础上配合良好的饲养管理,才能获得较好的疗效,缩短疗程,减少死亡,更快、更有效地控制病情,提高养禽的经济效益。

第八,卵黄抗体不可替代疫苗,动物注射卵黄抗体后,要及时补种疫苗,避免野毒感染。卵黄抗体只是一种人工被动抗体制剂,注射到患病家禽机体后,仅能直接增加患病家禽机体内的抗体含量,不能刺激患病家禽机体继续产生抗体,故有效抗体在患病家禽体内维持时间不长,其在鸡体内的有效期为7~10天,10天以后家禽体内的有效抗体逐渐消失,使家禽又重新处于易感状态,容易引起重复感染。因此,建议在注射卵黄抗体后7天左右,要做相应疫苗的预防接种,经免疫接种的家禽才能产生坚强免疫保护力,能有效抵抗野毒的自然感染,对防止家禽病毒性疫病的发生,提高养殖效益具有十分重要的意义。

同时必须注意,卵黄抗体不能与疫苗接种同时进行,因为用于收集卵黄抗体的母禽,一般在开产前进行过某一种疫苗的免疫接种,所以母禽所产的卵黄含有一定量的抗某种病原的抗体,其卵黄抗体就含有抗某种病原的高效抗体,而疫苗是抗原,当同时注射到家禽机体后会因抗体和抗原中和而导致免疫接种的失败。所以,临床上应用家禽卵黄抗体时必须避开相应疫苗的免疫接种。具体来说,为确保免疫效果,家禽在免疫接种前后10天不得使用卵黄抗体,否则会导致免疫接种失败。

第九,严格无菌操作,防止交叉感染。金属连续注射器、玻璃注射器、针头和钳子等器械必须煮沸消毒,待冷却后方可使用。一般情况下,连续注射时,要注意更换针头,以防交叉感染,加重病情。对注射部位进行消毒处理。注射完毕后,应把所有用过的器械清洗后消毒备用。注射卵黄抗体时,可加入适量的广谱抗生素,以控制细菌污染,尤其是种鸡更应该注意无菌操作。

第十,吸取卵黄抗体时,应先除去封口上的石蜡,再用酒精棉球擦净瓶塞,然后把消毒过的针头插入,用注射器吸取家禽卵黄抗体。吸取卵黄抗体的针头要固定,一次不能吸完时,不要把针头拔出,而应用酒精棉球包裹,以便继续吸取,不能用给家禽注射过的针头吸取家禽卵黄抗体,以免交叉污染。

第十一,选择合适的注射部位。给患病家禽注射卵黄抗体时,应选择胸部肌内注射,卵黄抗体含有大量的卵磷蛋白和脂肪,注射到家禽体内后吸收较为困难,因此以胸部肌内深部注射最为合适。注射时将注射针头(20～23号针头)呈30°至45°倾斜的角度,于胸部1/3处(应尽量靠近肩窝,远离腹部),朝背部方向刺入胸肌(切忌垂直刺入胸肌),这样既不会刺穿胸腔伤及内脏,又可避免垫料污染针口和注射部位。注射幼龄家禽时,要浅部肌内注射;注射中、大家禽时,注射深度以0.5厘米为宜。

第四章 家禽常用卵黄抗体的合理使用

二、卵黄抗体的制备过程

(一)制备用鸡只的选择与管理

选择健康的 SPF 蛋鸡,隔离饲养观察 1 周后无特殊反应者,可进行免疫接种。

(二)免疫原的选择、免疫程序和卵黄抗体的采集

1. 免疫原的选择 实践证明,选择具有良好反应原性和免疫原性的抗原,是制备优质抗血清的基础。而制备优良抗原的关键是选择优良的菌(毒)株,所以应挑选形态、生化特性、血清学与抗原性、毒力等具有典型性的菌(毒)株作为抗原制造用毒株。

通常使用组织灭活苗。选择 40~50 日龄 SPF 鸡,用通过 SPF 鸡传代的野毒滴鼻、点眼,每只鸡接种 0.2~0.3 毫升,在 48~72 小时死亡的鸡,无菌采集其法氏囊,并进行病变观察,将病变典型的法氏囊低温保存备用。取 10 克病料加 100 毫升 0.5% 甲醛生理盐水,匀浆、冻融、过滤,滤液加 8% 甘油,置于 37℃ 条件下灭活 18~24 小时,即为水剂灭活苗,也可加白油等佐剂,制成油乳剂灭活苗。制备好的疫苗要进行无菌检验,取灭活苗 0.5 毫升接种于普通琼脂斜面及厌氧肉汤培养基各 1 支,于 37℃ 培养 48 小时,应无菌生长。此外,要先进行安全试验及保护试验,经无菌检验合格的灭活苗,给 40~50 日龄 SPF 鸡或未经相应疫苗免疫过的健康鸡,肌内注射、滴鼻或点眼,接种 0.3~0.5 毫升,观察半个月,无发病者可用 1:10 强毒 0.5 毫升/只攻毒,观察 10~14 天,无发病者为安全有效。

2. 免疫程序 首次免疫,每只肌内注射 1 毫升,经 7~10 天后进行第二次免疫,每只 2 毫升,二免 7 天后,用琼脂扩散方法测

定卵黄抗体效价,如已达到1∶64以上,即可收集高免蛋,如效价不高,可隔7~10天进行第三次加强免疫。

3. 卵黄抗体的采集 高免蛋用0.1%新洁尔灭溶液浸泡5分钟,洗涤干净,放入无菌室晾干备用。无菌操作,打破蛋壳,分离蛋黄。收集的蛋黄置于无菌的组织匀浆器中,加等量灭菌生理盐水,每毫升加入青霉素、链霉素各1 000单位,硫柳汞0.01%,匀浆、过滤,分装于消毒瓶内,4℃冷藏备用。

(三)卵黄抗体的检验

卵黄抗体的检验包括无菌检验、安全检验、中和试验和抗体效价测定等项目。

1. 无菌检验 取0.5毫升高免卵黄抗体,分别接种于普通琼脂斜面和厌氧肉肝汤培养基,37℃培养24~48小时,应无细菌生长。

2. 安全检验 取30日龄健康鸡10只,每只肌内注射卵黄抗体2毫升,观察5~7天,应无任何不良反应。

3. 中和试验 取30日龄健康鸡20只,随机分成2组。试验组每只皮下或肌内注射野毒和卵黄抗体(1∶10)混合液1毫升,观察饲养10~15天,应全部存活,对照组每只皮下或肌内注射野毒1毫升,观察10~15天,应部分或全部死亡,剖检后出现典型病变。

用琼脂扩散试验测定抗体效价,抗体效价在1∶64以上为合格。

(四)卵黄抗体的纯化

目前,卵黄抗体产品根据应用目的不同可分为精制和粗制两级产品。口服可以使用粗制产品如卵黄液或卵黄粉,注射则需要精制产品,而用于免疫学检验则要求更高。精制卵黄抗体是选择无特定病原体蛋鸡经免疫后,由所产高免蛋精制成的卵黄抗体。

精制就是将蛋黄中的免疫球蛋白进行分离纯化的过程。卵黄中的主要成分是蛋白质和脂肪,其比例为1∶2。大部分蛋白质都是脂蛋白,存在于卵黄颗粒中,不溶于水,只有卵黄球蛋白(α、β、γ)是水溶性的,而卵黄抗体是γ卵黄球蛋白。因此,卵黄抗体的分离纯化首先需要有效地去除卵黄中的脂类,从水溶性蛋白中分离卵黄抗体。多年来,已建立了许多较为高效而经济的方法,这些方法主要有聚乙二醇法、硫酸葡聚糖沉淀法、天然胶(如藻酸钠、角叉聚糖)或乙醇沉淀法、水稀释法、酸化法、高速离心法、超滤法等,可将蛋黄中的免疫球蛋白进行有效地分离纯化。

三、家禽常用卵黄抗体的种类及合理使用

(一)精制卵黄抗体Ⅲ型
(禽流感、传染性支气管炎二联卵黄抗体)

【制备方法】 本品系采用禽流感病毒、传染性支气管炎病毒浓缩精制抗原免疫健康蛋鸡,收集鸡蛋,分离卵黄,结合化学灭活、高速离心、超滤等现代生物技术,经浓缩精制和冷冻干燥制成的卵黄抗体。

【物理性状】 本品为微黄色晶体状冻干粉,遇水可快速溶解。

【作用与用途】 本品主要作用于禽流感病毒H9型、H5型以及H5型变异毒株和传染性支气管炎病毒等急、慢性病毒。

【用法与用量】 肌内注射,每2克本品用200毫升生理盐水或黄芪多糖注射液稀释,雏禽每只注射0.5毫升,成禽每只注射1毫升,重症者酌情加量。若有大肠杆菌混合感染可配合抗生素同时使用。

【免疫保护期】 免疫保护期为14天左右。

【贮存与有效期】 密封、避光、干燥保存,有效期为2年。

(二)传染性法氏囊病和新城疫二联抗体冻干粉

【制备方法】 本品系采用传染性法氏囊病毒、新城疫病毒浓缩精制抗原免疫健康蛋鸡,收集鸡蛋,分离卵黄,用水稀释法结合硫酸铵盐析法,在保证抗体生化结构完整和生物活性良好存在的前提下,彻底去除垂直传播病原,结合化学灭活、高速离心、超滤等现代生物技术,浓缩精制的IgY,后经冷冻干燥而成。含抗法氏囊病、新城疫抗体和2%盐酸多西环素。卵黄抗体琼脂扩散试验效价大于1∶32,血凝抑制效价大于11log2。

【物理性状】 本品为亮黄色晶体粉状,遇水可迅速溶解。

【作用与用途】 用于传染性法氏囊病及新城疫的预防与治疗,尤其对各种强毒和超强毒株引起的重度感染和后期衰竭有非常独特的疗效。

【用法与用量】 肌内注射,每2克本品用200毫升生理盐水或黄芪多糖注射液稀释,可用于治疗患传染性法氏囊病的病鸡200羽,预防时可用于400羽。或治疗患新城疫病鸡200羽,预防时可用于400羽,病情严重者需遵兽医加量。若有细菌混合感染可配合抗生素同时使用。

【贮藏与有效期】 密封后在4℃~8℃条件下冷藏保存,有效期为2年。也可于阴凉、干燥处常温保存,有效期为24个月。

(三)精制卵黄抗体冻干粉Ⅱ型(鸭病毒性肝炎卵黄抗体)

【制备方法】 本品系鸭病毒性肝炎的卵黄抗体经过浓缩提纯、外源性病菌灭活处理所得的精制抗体粉,具有效价高、安全性高、稳定性强的特点。每支本品不低于36个抗体效价。

【物理性状】 微黄色粉状,遇水可快速溶解。

【作用与用途】 主治各种强毒和超强毒株引起的鸭肝炎,特

第四章　家禽常用卵黄抗体的合理使用

别对病毒性疾病的重度感染、后期衰竭有非常独特的疗效。

【用法与用量】　肌内注射,每 2 克本品用 200 毫升生理盐水或黄芪多糖注射液稀释,可用于治疗雏鸭 400 羽,成鸭 200 羽。病情严重需遵兽医加量。若有大肠杆菌混合感染可配合抗生素同时使用。

【贮存与有效期】　在 4℃～8℃ 条件下冷藏保存,有效期为 24 个月。

(四)精制卵黄抗体冻干粉
(小鹅瘟、鹅副黏病毒病二联卵黄抗体)

【制备方法】　本品系为高效价小鹅瘟、鹅副黏病毒病的卵黄抗体经过浓缩提纯、外源性病菌灭活处理所得的精制多联血清抗体粉,具有效价高、安全性高、稳定性强的特点。

【物理性状】　微黄色粉状,遇水可快速溶解。

【作用与用途】　本品主要针对小鹅瘟和鹅副黏病毒病有特效。

【用法与用量】　每 2 克本品用 200 毫升生理盐水稀释,用于注射成鹅 250 羽或雏鹅 500 羽。病重时可适当增加用药量,预防量减半。

【注意事项】　①本品为直接作用于病毒类药物,注射时偶有应激反应发生,如出现应激情况,可紧急注射抗应激类的药物以缓解。②本品宜现配现用,12 小时内用完。

【贮存与有效期】　密封、避光保存,有效期为 24 个月。

(五)鹅毒清(小鹅瘟、鹅副黏病毒病、鹅流感三联卵黄抗体)

【制备方法】　本品系为高效价小鹅瘟、鹅副黏病毒病及鹅流感的卵黄抗体经过浓缩提纯、外源性病菌灭活处理所得的精制多联血清抗体粉,具有效价高、安全性高、稳定性强的特点。

【物理性状】 微黄色粉状，遇水可快速溶解。

【作用与用途】 本品主要对小鹅瘟、鹅副黏病毒病、鹅流感3种病毒性疾病有特效。

【用法与用量】 每克本品用100毫升生理盐水稀释，用于注射成鹅100羽，雏鹅200羽。病重时可遵医嘱适当增加用药量，预防量减半。

【注意事项】 ①本品为直接作用于病毒类药物，注射时偶有应激反应发生，如出现应激情况，可紧急注射抗应激类的药物以缓解。②本品宜现配现用，12小时内用完。

【贮存与有效期】 密封、避光保存，有效期为24个月。

（六）传染性法氏囊病卵黄抗体

【制备方法】 本品系为高效价传染性法氏囊病毒的卵黄抗体经过浓缩提纯、外源性病菌灭活处理后，冷冻真空干燥制成，具有效价高、安全性高、稳定性强的特点。本品每支不低于36个抗体效价。

【物理性状】 本品为白色或淡黄色冻干粉，遇水可快速溶解。

【作用与用途】 主治各种强毒和超强毒株引起的传染性法氏囊病，特别对重度感染和后期衰竭有非常独特的疗效。

【用法与用量】 肌内注射，每2克本品用200毫升生理盐水或黄芪多糖注射液稀释，可用于治疗雏鸡400羽，成鸡200羽。病情严重需遵兽医加量。若有大肠杆菌混合感染可配合抗生素同时使用。

【贮存与有效期】 密封、避光保存，有效期为24个月。

（七）精制包被卵黄抗体

【制备方法】 本品用大豆卵磷脂包被禽流感、新城疫、传染性支气管炎免疫球蛋白，从而彻底解决免疫球蛋白口服难吸收的问题,避免免疫球蛋白被胃液破坏。卵磷脂包被还能使免疫球蛋白病毒丧失侵染性,直接抑制病毒在机体内的扩散和增殖。同时,清除蛋白形成磷脂层,更易被肠道组织吸收。抗禽流感 H9N2 抗体(IgY)血凝抑制效价大于 $11\log 2$,抗禽流感 H5N1 抗体(IgY)血凝抑制效价大于 $9\log 2$。

【物理性状】 本品为黄色或微黄色液体。

【作用与用途】 用于禽流感、传染性支气管炎和新城疫等病早、中期感染的紧急治疗与紧急预防。注射、饮水后3~6小时即能被机体完全吸收进入血液,能够快速发挥疗效,中和病毒,终止病原对机体的危害,缓解症状,恢复健康。可以增加机体的抗体储备,主动抵御病原侵入。对病毒作用快,抗体持续时间长。

【用法与用量】 注射时,可用于成鸡、成鸭1 000羽,雏鸡2 000羽,预防时剂量减半,重症时剂量加倍;饮水时使用注射剂量的倍量。

【注意事项】 本品与适量抗生素联合应用,效果更佳。

【贮藏与有效期】 阴凉、干燥、冷藏保存。常温下可保存,有效期为24个月。

(八)抗鸭浆膜炎卵黄抗体

【制备方法】 本品采用鸭传染性浆膜炎(RA)浓缩精制抗原免疫健康蛋鸭,收集鸭蛋,分离卵黄,结合化学灭活、高速离心、超滤等现代生物技术,制成浓缩精制的卵黄抗体,后经冷冻干燥而成。

【物理性状】 本品为白色或类黄色冻干粉。

【作用与用途】 主治鸭传染性浆膜炎及其混合感染。

【用法与用量】 肌内注射,每克药品经生理盐水或黄芪多糖注射液稀释后,可用于雏鸭2 000羽,成鸭1 000羽,重症加倍,连用2~3天。混饮时药量加倍,稀释后溶于水中,每日1次,连用

2～3 天。

【贮藏与有效期】 常温或冷藏保存,有效期为 36 个月。

(九)鸭肝双抗(鸭病毒性肝炎、鸭瘟二联卵黄抗体)

【制备方法】 本品系用鸭病毒性肝炎和鸭瘟病毒浓缩精制抗原免疫健康产蛋鸭,收集鸭蛋,分离卵黄,用水稀释法结合硫酸铵盐析法分离纯化,结合化学灭活、高速离心、超滤等现代生物技术,浓缩精制、冷冻干燥而成。

【物理性状】 本品为白色或类白色冻干粉。

【作用与用途】 主治鸭病毒性肝炎、鸭瘟及其混合感染。注射后 3～6 小时即能被完全吸收进入血液,能够快速发挥效能,中和病毒,终止病原对机体的危害,缓解症状,恢复健康。此外,可以增加机体的抗体储备,主动抵御病原侵入。

【用法与用量】 肌内注射,1 克本品经适量生理盐水或黄芪多糖注射液稀释,可用于雏鸭 2 000 羽,成鸭 1 000 羽,重症剂量加倍,连用 2～3 天。混饮时药量加倍,稀释后溶于水中,每日 1 次,连用 2～3 天。

【贮藏与有效期】 常温或冷藏保存,有效期为 36 个月。

(十)禽肽(禽流感、传染性法氏囊病和新城疫三联卵黄抗体)

【制备方法】 本品为卵黄免疫球蛋白冻干粉,是禽流感、传染性法氏囊病和新城疫三联抗体。系采用禽流感病毒、传染性法氏囊病毒、新城疫病毒浓缩精制抗原免疫健康蛋鸡,收集鸡蛋,分离卵黄,用水稀释法结合硫酸铵盐析法分离纯化,结合化学灭活、高速离心、超滤等现代生物技术,浓缩精制的卵黄抗体,经冷冻干燥而成,抗体 IgY 含量 $\geq 10^9$ CFU/克。

【物理性状】 本品为白色或类白色疏松团块。

【作用与用途】 主治禽流感、传染性法氏囊病及新城疫,尤其对各种强毒和超强毒株引起的重度感染和后期衰竭有非常独特的疗效。效价高,且针对性强,作用迅速,能迅速控制死亡率,体内维持时间长。

【用法与用量】 1克本品经适量生理盐水或黄芪多糖注射液稀释,可用于雏鸡2 000羽,成鸡1 000羽,重症剂量加倍,连用2~3天。混饮时药量加倍,稀释后溶于水中,每日1次,连用3~5天。

【贮藏与有效期】 在4℃~8℃条件下冷藏保存,有效期为36个月。

(十一)精制鸡卵黄抗体冻干粉
(H5N1和H9N2二价卵黄抗体)

【制备方法】 本品系采用免疫学技术将H5N1亚型病毒和H9N2亚型病毒多次免疫健康蛋鸡,收集鸡蛋,分离卵黄,用水稀释法结合硫酸铵盐析法,在保证抗体生化结构的完整以及生物活性良好存在的前提下,彻底去除垂直传播病原,结合化学灭活、高速离心、超滤等现代生物技术,浓缩精制而成的抗H5N1亚型病毒、抗H9N2亚型病毒的二价卵黄抗体。

【物理性状】 本品为亮黄色粉晶体状冻干粉,遇水可快速溶解。

【作用与用途】 主要预防及治疗家禽流行性感冒,尤其对H5N1亚型病毒和抗H9N2亚型病毒引起的重度感染、后期衰竭有非常独特的预防及治疗效果。

【用法与用量】 肌内注射,每2克本品用200毫升生理盐水或黄芪多糖稀释,可用于治疗鸡200千克,可预防鸡400千克。病情严重需遵兽医加量。若有细菌混合感染可配合抗生素同时使用。

【贮藏与有效期】 阴凉、干燥处保存,有效期为5~8年。

(十二)精制鸡卵黄抗体注射液
(H5N1 和 H9N2 二价卵黄抗体)

【制备方法】 本品系采用免疫学技术将 H5N1 亚型病毒和 H9N2 亚型病毒多次免疫健康蛋鸡,收集鸡蛋,分离卵黄,用水稀释法结合硫酸铵盐析法,在保证抗体生化结构完整以及生物活性良好存在的前提下,彻底去除垂直传播病原,结合化学灭活、高速离心、超滤等现代生物技术,浓缩精制而成的二价卵黄抗体。

【物理性状】 本品为微黄色粉或白色液体。

【作用与用途】 主要预防及治疗家禽流行性感冒,尤其对 H5N1 亚型病毒和抗 H9N2 亚型病毒引起的重度感染、后期衰竭有非常独特的预防及治疗效果。

【用法用量】 肌内注射,250 毫升本品可治疗禽流感病鸡 250 只,预防时可用于 500 只。病情严重需按兽医要求加量,若有细菌混合感染可配合抗生素同时使用。

【贮藏与有效期】 常温下可保存 6～12 个月,在 2℃～8℃ 条件下冷藏可保存 18 个月。

(十三)鸭病毒性肝炎精制卵黄抗体(AV 2111-30 株)

【主要成分】 本品主要含鸭病毒性肝炎抗体,中和抗体效价 $\geqslant 1:256$。

【物理性状】 本品为略带棕色或淡黄色透明液体,放置 48 小时后瓶底有少许微细白色沉淀。

【作用与用途】 用于治疗和紧急预防鸭病毒性肝炎。

【用法与用量】 皮下或肌内注射均可。紧急预防时 1 日龄雏鸭每只 0.5 毫升,2～5 日龄雏鸭每只 0.5～0.8 毫升。治疗感染发病的雏鸭,每只 1～1.5 毫升。

【不良反应】 无可见不良反应。

第四章　家禽常用卵黄抗体的合理使用

【注意事项】　①本品注射后,被动免疫保护期为 5～7 天。②本品口服无效。③本品可连续应用 2～3 次。④本品应用后对鸭病毒性肝炎弱毒疫苗接种有干扰作用,7 天内不宜接种鸭病毒性肝炎弱毒疫苗。⑤本品可与抗菌药物混合后一次注射。⑥本品久置后瓶底有微量白色沉淀,对疗效无影响。

【贮藏与有效期】　在 2℃～8℃ 条件下遮光保存,有效期为 18 个月。

(十四)非特异性卵黄抗体干粉

【制备方法】　本品是用不同抗原免疫产卵母鸡后,在其体内产生相应抗体并转移积累于卵黄中。采用沉淀法,并经喷雾干燥工艺制备成卵黄抗体干粉,再与益生菌组合而成的固体制剂。本产品能充分发挥免疫球蛋白的非特异性免疫及相应生理促进功能,从而起到对病原体的协同免疫作用,达到预防和治疗感染性疾病的功效。本品无污染、无耐药性、无残留,药效持续时间长,可有效代替抗生素。有益菌大于 1 亿个/克,非特异性卵黄抗体不低于 1∶320。

【作用与用途】　在临床上已广泛用于鸡传染性法氏囊病、新城疫、传染性鼻炎、心包炎、大肠杆菌病、小鹅瘟、鸭传染性浆膜炎、输卵管炎等以及慢性呼吸道疾病的紧急治疗和预防,效果显著。可增强家禽抗病能力,减少家禽疫病的发生。

【用法与用量】　本品 100 克混合 600 千克饲料,让禽自由采食,连用 3～6 天。饮水时用本品 100 克混于 1000 升水中,供禽自由饮用,连用 3～6 天。疫情高发期可倍量使用。

【不良反应】　无可见不良反应。

【贮藏与有效期】　在 2℃～8℃ 条件下遮光保存,有效期为 18 个月。

第五章 家禽常用诊断用生物制品的合理使用

诊断用生物制品专供诊断家禽各种传染病。近年来由于免疫学理论与实验室诊断方法的不断发展,血清学检验技术已经广泛用于临床,使一些家禽传染病有了可靠的诊断方法。

一、禽流感病毒 H5 亚型反转录-聚合酶链式反应检测试剂盒

【主要成分】 变性液 1 瓶(6 毫升),酚、氯仿、异戊醇混合液 1 瓶(6 毫升),异丙醇 1 瓶(9 毫升),75%乙醇 2 瓶(10 毫升/瓶),焦碳酸二乙酯(DEPC)1 管(500 微升),2 摩/升醋酸钠溶液(pH 值 4)1 管(700 微升),阳性对照 1 管(100 微升),阴性对照 1 管(100 微升),反转录-聚合酶链式反应体系 22 管(22.5 微升/管),6 倍上样缓冲液 1 管(100 微升),扩增对照 1 管(30 微升)。

【作用与用途】 适用于可能感染 H5 亚型禽流感病毒的咽喉拭子、泄殖腔拭子、组织、鸡胚尿囊液以及细胞培养物中的 H5 亚型禽流感病毒 RNA。

【用法与判定】 ①取 1.5 毫升焦碳酸二乙酯处理过的离心管,加入待检样品 100 微升,加 300 微升变性液,继续加入 30 微升 2 摩/升醋酸钠(pH 值 4)。反复颠倒离心管 4~5 次,以混合均匀。②加入酚、氯仿、异戊醇混合液 300 微升,反复颠倒离心管 3~5 次,再摇晃 10 秒,在冰上静置 15 分钟。③在 4℃条件下,以 12 000 转/分离心 20 分钟,吸取上清液置于另一个离心管中。④加入等体积的异丙醇,在 -20℃条件下静置 10~15 分钟,沉淀

第五章　家禽常用诊断用生物制品的合理使用

RNA。⑤在4℃条件下,以12 000转/分离心10分钟。弃去上清液,加入75%冰乙醇,轻轻地反复颠倒离心管3~5次。⑥在4℃条件下,以12 000转/分离心5分钟,弃去上清液,用滤纸吸干管壁上的余液,真空抽干或者置于37℃条件下烘干5~20分钟。⑦加入10毫升焦碳酸二乙酯溶解RNA。⑧取2.5微升RNA转移到反转录-聚合酶链式反应体系管中。⑨置于PCR仪中,循环参数为45℃反转录45分钟,94℃预变性2分钟,94℃扩增30秒、52℃扩增45秒、68℃扩增45秒,共35个循环,最后68℃延伸8分钟。⑩取5微升聚合酶链式反应产物,混合1微升上样缓冲液,1%琼脂糖凝胶电泳分析产物,以DNA分子量Marker为参考。

结果判定,同时出现372bp和229bp大小的扩增片段时,判定为H5亚型禽流感病毒阳性,只出现229bp片段判定为其他亚型A型流感病毒阳性,只出现372bp片段判定为H5亚型疑似,无条带者判定为阴性。

【注意事项】①本试剂盒的RNA提取液应置于2℃~8℃条件下存放,反转录-聚合酶链式反应体系置应置于-20℃以下条件下存放,且尽量不要反复冻融。②反转录-聚合酶链式反应体系,用前要先在冰上彻底溶化,并瞬时离心将液体甩至管底。③病料的处理很重要,现地采集的病料应先进行研磨,再按照每克重量加入1毫升磷酸盐缓冲液(PBS),混匀后按10^{-1}~10^{-2}比例稀释后用于RNA的提取。棉拭子病料直接加入1毫升磷酸盐缓冲液,混合后取溶液用于RNA的提取,不需要稀释。④RNA的提取直接会影响到反转录-聚合酶链式反应的检查结果,需要特别注意提取过程的操作。⑤注意废弃物的无害化处理,可疑待检样品及其接触过的器材要消毒灭菌,防止实验室散毒;含有或沾有溴化乙锭(EB)的物品需要高温处理。注意防止操作过程中的环境污染,有条件的情况下可以使用独立房间分别进行各环节的操作,无条件时则应尽可能划分不同功能的工作区,并且电泳时要采用单独的移液器。⑥剩余的试剂及空瓶不能随意丢弃,须经加热或消毒灭菌后方可废弃。

【贮藏与有效期】 RNA提取试液应置于2℃~8℃条件下保存,反转录-聚合酶链式反应体系置于−20℃以下条件下保存,有效期均为6个月。

二、禽流感病毒H5亚型血凝抑制试验抗原与阴性、阳性血清

【主要成分】 抗原为灭活的H5亚型禽流感病毒,血凝抑制效价≥7log2。阳性血清为SPF鸡感染禽流感病毒H5亚型制备的高免血清,血凝抑制效价≥7log2。阴性血清为无特定病原鸡血清。

【物理性状】 抗原为白色或淡黄色海绵状疏松团块,阳性血清和阴性血清为微黄色或淡红色海绵状疏松团块,易与瓶壁脱离,加稀释液后迅速溶解。

【作用与用途】 用于血凝抑制试验检测禽流感病毒H5亚型抗体。

【用　法】

准备的材料:96孔V形(90度)微量反应板、单道及多道微量移液器(配有吸头)、加样槽、吸管、烧杯。

pH值7.2的0.01摩/升磷酸盐缓冲液的配制:①配制25倍磷酸盐缓冲液。称量2.74克磷酸氢二钠和0.79克磷酸二氢钠,加蒸馏水至100毫升。②配制1倍磷酸盐缓冲液。量取40毫升25倍磷酸盐缓冲液,加入8.5克氯化钠,加蒸馏水至1 000毫升,用氢氧化钠或盐酸调pH值至7.2;69千帕高压蒸汽灭菌15分钟或用微孔滤膜过滤除菌。

磷酸盐缓冲液一经使用,于2℃~8℃条件下保存不超过

第五章 家禽常用诊断用生物制品的合理使用

3周。

阿氏(Alsevers)液的配制:称量葡萄糖2.05克、柠檬酸钠0.8克、柠檬酸0.055克、氯化钠0.42克,加蒸馏水至100毫升,加热溶解后调pH值至6.1,69千帕高压蒸汽灭菌15分钟,置于2℃~8℃条件下保存备用。

1%鸡红细胞悬液的配制:采集2~3只SPF公鸡或无禽流感和新城疫等抗体的健康公鸡血液,与等体积阿氏液混合,用pH值7.2的0.01摩/升磷酸盐缓冲液洗涤3次,每次洗涤后均以3 000转/分离心5分钟,之后用磷酸盐缓冲液配成1%红细胞悬液,置于2℃~8℃条件下保存备用。

抗原溶解:冻干的抗原和血清均按瓶签上标注的量,用磷酸盐缓冲液溶解。

【血凝试验及结果判定】 在V形微量反应板中,每孔加0.025毫升磷酸盐缓冲液。第一孔加0.025毫升抗原,反复抽打3~5次混匀。从第一孔吸取0.025毫升抗原加入第二孔,混匀后吸取0.025毫升加入第三孔,如此进行对倍稀释至第十一孔,从第十一孔吸取0.025毫升弃去。每孔加0.025毫升磷酸盐缓冲液和0.025毫升1%鸡红细胞悬液。将反应板在振荡器上震荡1~2分钟或轻扣反应板混合反应物,在室温(20℃~25℃)下静置20~30分钟或在2℃~8℃条件下静置45~60分钟。在对照孔红细胞显著呈纽扣状时判定结果。结果判定时将反应板倾斜60°,观察红细胞有无泪珠状流淌,完全无泪珠样流淌(100%凝集)的最高稀释倍数为血凝效价。

【血凝抑制试验及结果判定】 根据血凝试验测定的效价,计算配制4个血凝单位(4HAU)抗原。血凝效价除以4即为含4个血凝单位抗原的稀释倍数。例如,血凝效价为1∶256,则4个血凝单位抗原的稀释倍数应是1∶64(256除以4)。第一至第十一孔加入0.025毫升磷酸盐缓冲液,第十二孔加入0.05毫升磷酸盐缓冲液。第一孔加入 0.025 毫升血清，充分混匀后吸 0.025 毫升于第二孔，依次倍比稀释至第十孔，从第十孔吸取 0.025 毫升弃去。第一至第十一孔均加入 0.025 毫升 4HAU 抗原，在室温（20℃～25℃）下静置 30 分钟或在 2℃～8℃条件下静置 50 分钟。每孔加入 0.025 毫升 1%鸡红细胞悬液，振荡混匀，在室温（20℃～25℃）下静置 20～30 分钟或在 2℃～8℃条件下静置 45～60 分钟，对照红细胞将呈明显的纽扣状沉于孔底。

以完全抑制 4HAU 抗原的最高血清稀释倍数判为该血清的血凝抑制效价。当阳性对照血清的血凝抑制效价与已知效价误差不超过 1 个滴度、阴性对照血清效价不高于 2log2 时，试验方可成立。被检血清血凝抑制效价≤3log2 判为阴性；=4log2 判为可疑（可疑样品应重检，重检效价≥4log2 判为阳性，≤3log2 判为阴性）；≥5log2 判为阳性。

【注意事项】 ①影响血凝和血凝抑制试验的因素很多，应严格控制试验条件。每加一份试剂或样品后需更换吸头，同时应严格控制作用温度和时间。②准确配制红细胞悬液，使用时应随时振摇。③用 pH 值 7～7.2 的磷酸盐缓冲液作为稀释液。④抗原和阴性、阳性血清若有污染应废弃。⑤准确配制 4HAU 抗原，使用前需进行滴定，滴定好的抗原应在 2 小时内用完。⑥抗原和血清按规定方法保存。冻干试剂应按规定的体积用磷酸盐缓冲液溶解，溶解后置于 2℃～8℃条件下保存不得超过 1 个月，可分装成小包装，在－70℃条件下冻存，随用随取，但切忌反复冻融。⑦鸭、鹅以及哺乳动物的血清一般需进行非特异性凝集和抑制素的处理。⑧同一亚型不同毒株的血凝抑制试验抗原，若抗原性存在差异，则检测同一血清的血凝抑制效价不同。⑨剩余的试剂及空瓶不能随意丢弃，须经加热或消毒灭菌后方可废弃。

【贮藏与有效期】 血清在－15℃以下条件下保存，有效期为 24 个月。抗原在 4℃条件下保存，有效期为 12 个月。

三、鸡白痢、鸡伤寒多价染色平板抗原与阳性血清

【制备方法】 本抗原系用标准型和变异型鸡白痢、鸡伤寒沙门氏菌各1株,分别接种于适宜培养基培养,培养物用含2%甲醛溶液的磷酸盐缓冲盐水制成菌液,用乙醇处理,加结晶紫乙醇溶液和甘油制成。用于诊断鸡白痢和鸡伤寒。阳性血清系用标准型和变异型鸡白痢、鸡伤寒沙门氏菌制成的灭活抗原,分别免疫健康羊或家兔,采血提取血清,用国家标准血清标化后,经冷冻真空干燥制成,供全血平板凝集试验对照用。

【物理性状】 本品为紫色的混悬液体,静置后菌体下沉,经振荡后呈均匀的悬浮液。将本品滴于平板,2分钟内不应有自凝颗粒出现。

【无菌检验】 依法检验,应无菌生长。

【抗原效价测定】 在平板上分两处各滴抗原1滴,每滴为0.05毫升。然后分别滴上标准型血清和变异型血清各0.05毫升(均含0.5单位),混合后在2分钟之内出现不低于50%凝集者为合格。

【非特异性检验】 在平板上滴抗原1滴,然后再滴阴性血清1滴,混合后不应出现凝集。

【作用与用途】 供诊断鸡白痢、鸡伤寒用,适用于产蛋母鸡及3月龄以上的鸡。

【用法与判定】 用滴管吸取抗原,垂直滴于玻板上1滴(相当于0.05毫升),然后用针刺破鸡的肱静脉或冠尖,取血液0.05毫升与抗原混合均匀,并涂散至直径约2厘米的液面,2分钟内判定结果。发生50%(++)以上凝集者为阳性,不发生凝集者为阴性,介于上述两者之间则判为可疑。

【注意事项】 ①同时应设强阳性、弱阳性、阴性血清3个对照

(各1滴),分别滴加抗原1滴,混匀,在2分钟内,强阳性血清应出现100%凝集,弱阳性血清出现50%凝集,阴性血清不凝集。②平板凝集试验应在20℃以上环境中进行。

【贮藏与有效期】 在2℃~8℃条件下保存,冻干血清有效期为4年,稀释好的强阳性血清和弱阳性血清有效期为1年。在-15℃以下条件下保存,冻干血清有效期为8年。

四、鸡败血支原体血清平板凝集试验抗原与阴性、阳性血清(Ⅱ)

【主要成分】 本品用抗原性良好的鸡败血支原体制成。

【物理性状】 本品为红色均匀悬浮液体,静置后菌体下沉,振荡后呈均匀悬液,无凝集块或颗粒。

【作用与用途】 用于诊断鸡败血支原体感染。

【用法与判定】 用22号针头在洁净检测板上滴加2滴抗原(约0.025毫升),然后取等量血清与之混合均匀,并涂散成直径约2厘米的液面,2分钟内判定结果。出现明显凝集颗粒或凝集块者为阳性,不出现凝集者为阴性,介于两者之间则判为可疑。

【注意事项】 ①用前将抗原振荡混匀,待检血清不能冻结。②试验应在20℃左右条件中进行。③试验所用的一切材料应保持清洁无污染。

【贮藏与有效期】 在2℃~8℃条件下保存,有效期为3年。阳性血清在2℃~8℃条件下保存,有效期为2年6个月。

五、禽流感病毒H7亚型血凝抑制试验抗原与阴性、阳性血清

【主要成分】 抗原为灭活的H7亚型禽流感病毒,血凝效价$\geq 7\log 2$。阳性血清为SPF鸡感染禽流感病毒H5亚型制备的

高免血清,血凝抑制效价≥7log2。阴性血清为 SPF 鸡血清。

【物理性状】 抗原为白色或淡黄色海绵状疏松团块,阳性血清和阴性血清为微黄色或淡红色海绵状疏松团块,易与瓶壁脱离,加稀释液后迅速溶解。

【作用与用途】 用于血凝抑制试验检测禽流感病毒 H7 亚型抗体。

【用法与判定】 同禽流感病毒 H5 亚型血凝抑制试验抗原与阴性、阳性血清。

【注意事项】 同禽流感病毒 H5 亚型血凝抑制试验抗原与阴性、阳性血清。

【贮藏与有效期】 同禽流感病毒 H5 亚型血凝抑制试验抗原与阴性、阳性血清。

六、禽流感病毒 H9 亚型血凝抑制试验抗原与阴性、阳性血清

【主要成分】 抗原为灭活的 H9 亚型禽流感病毒,血凝效价≥7log2。阳性血清为 SPF 鸡感染禽流感病毒 H9 亚型制备的高免血清,血凝抑制效价≥7log2。阴性血清为 SPF 鸡血清。

【物理性状】 抗原为白色或淡黄色海绵状疏松团块,阳性血清和阴性血清为微黄色或淡红色海绵状疏松团块,易与瓶壁脱离,加稀释液后迅速溶解。

【作用与用途】 用于血凝抑制试验检测禽流感病毒 H9 亚型抗体。

【用法与判定】 同禽流感病毒 H5 亚型血凝抑制试验抗原与阴性、阳性血清。

【贮藏与有效期】 同禽流感病毒 H5 亚型血凝抑制试验抗原与阴性、阳性血清。

第八章 家禽常用微生态制剂的合理使用

一、微生态制剂的概念、作用机制及应用范围

(一)微生态制剂的概念

微生态制剂兴起于20世纪70年代,被认为只有活的微生物才能起到微生态的平衡作用,因此认定微生态制剂是活菌制剂,甚至有一段时间,有人曾把微生态制剂称为活菌制剂。活菌制剂是指在动物胃肠道微生态理论指导下,运用微生态学原理,利用对宿主有益无害的正常微生物经特殊工艺制成的活的微生物饲料添加剂,动物食入后,其能在消化道中生长、发育或繁殖,并起到有益作用。

活菌制剂能通过改进肠道微生物平衡对动物施加有益影响。在我国,人们经常称其为益生菌或微生态制剂。美国食品与药物管理局(FDA)1989年将其名称规定为"直接饲喂微生物"(Direct-fed microbial,DFM)。加拿大称之为"活的微生物产品"(Viable microbial products,VMP)。在日本,其被称为"有效微生物"(Effective microbial,EM)。但随着科学研究的深入和微生态制剂的不断发展,大量资料证实,死菌体、菌体成分、代谢产物也具有调整微生态失调的功效。

微生态制剂是根据微生态学的微生态平衡、微生态失调、微生态营养和微生态防治等理论,利用正常生物菌群成员或其促进物质制成的能够调整机体微生态平衡的物质。广义上的微生态制剂按组成成分的不同分为益生素、益生元和合生元三大类。益生素

第六章 家禽常用微生态制剂的合理使用

是指有利于宿主肠道微生物平衡的活菌食品或饲料添加剂,目前用作饲料添加剂的微生物主要有乳酸菌、芽孢杆菌、酵母菌、放线菌和光合细菌等几大类。益生元是指能选择性的刺激宿主动物消化道内有益菌生长或产生对动物有利的营养物质或消化饲料中的不可消化成分的有效物质,包括低聚糖、微藻、双歧因子、酸化剂、中草药、糖萜素及天然植物等。合生元即为益生素和益生元按一定比例混合后的产物,具有两者的协同促进作用。狭义的微生态制剂多指益生素,这是由于益生素的保健功能更具兼容性,既能在一定程度上达到有益生元的作用效果,又有自身的微生态学效应特性。

微生态制剂是无毒、无污染的环保产品,已广泛应用于畜牧、水产养殖业中。

(二)微生态制剂的作用机制及应用范围

微生态制剂进入动物体内主要通过一些物质的生成和对肠道微生物区系的改变而发挥作用,其作用机制相当复杂,而且其理论研究进展还比较慢,确切机制尚未被完全解读。一般认为,动物微生态制剂进入畜禽肠道内,与其中极其复杂的微生态环境中的正常菌群会合,会出现栖生、互生、偏生、竞争或吞噬等多种复杂关系。

1. 恢复优势菌群,维持动物肠道菌群平衡 正常情况下,动物消化道内的有益微生物维持着动态的平衡,以促进动物生长和饲料的消化与吸收,但当动物机体受到某些应激因素影响时,这种平衡可能被破坏,导致消化道内微生物区系紊乱,病原菌大量繁殖,引起动物消化功能失调、腹泻等病理状态,生长受阻。合理添加微生态制剂,可人为增加肠道内有益菌的数量,使其在较短时间内占据优势地位,保持肠道菌群的平衡,对有害菌起到很好的拮抗作用。

2. 生物屏障作用 正常微生物区系构成动物机体的防御屏障,其中包括生物学屏障和化学屏障,微生态群有序地定植于黏膜、皮肤等的表面或细胞间形成的生物膜样结构上,形成一层生物膜,封闭了致病菌的侵入门户,起着占位争夺营养、互利互生等生物共生或拮抗作用。

3. 产生多种活性物质,发挥多种功效 益生菌能产生多种有益的代谢产物,产生各种酶类(蛋白酶、淀粉酶、脂肪酶、纤维素酶等),这些酶类在消化过程中与体内的酶起到协同作用,有利于降解饲料中的蛋白质、脂肪和复杂的碳水化合物,提高饲料转化率。有些益生菌也能合成营养物质,如维生素、氨基酸、未知促生长因子等,这些营养物质参与机体的新陈代谢,促进动物生长。还有些益生菌能产酸,可有效降低肠道 pH 值。乳酸菌进入肠道后产生乳酸,芽孢杆菌进入动物肠道能够产生乙酸、丙酸、丁酸等挥发性脂肪酸,使肠道 pH 值降低,抑制致病菌生长,激活酸性蛋白酶活性,也有利于矿物质元素钙、磷、铁及维生素 D 的吸收与利用。

值得注意的是,有研究指出益生菌改变动物肠道 pH 值的意义在成年家畜中表现并不明显,但对新生家畜的效果非常显著。从而提醒我们在选择动物用益生菌时一定要有针对性。此外,益生菌产生的活性物质还可以减少有害物质产生,改善环境卫生,改善禽舍内的空气质量,减少机体应激和环境污染。有些有益微生物产生的物质可以中和致病菌产生的肠毒素。芽孢杆菌在肠道内可产生氨基酸氧化酶及分解硫化物的酶类,可以降低血液及粪便中氨、吲哚等有害气体的浓度,减轻粪便的臭气。同时,有害物质的减少可维持肠上皮细胞处于较好的吸收状态,促进营养物质的吸收。

4. 增强机体免疫功能,提高抗病能力 微生态制剂是良好的免疫激活剂,较低剂量的微生态制剂可持续不断地刺激动物机体免疫系统的活性。微生态制剂能促进肠道相关淋巴组织处于高度反应的应激状态,可以刺激肠道内免疫细胞分化增殖,增加局部抗体的数量和巨噬细胞的活力,同时也可产生非特异性调解因子,进一步增强免疫功能。芽孢杆菌、乳酸杆菌、双歧杆菌可使动物肠道黏膜底层细胞增加,提高机体免疫功能,特别是局部免疫功能。研究表明,肠道益生菌可通过降低小肠通透性,增强特异性的黏膜免疫反应以及加强 IgA、IgM 反应来修复肠道屏障功能。微生态制剂中的有益菌可调动和提高动物机体的一般非特异免疫功能,提高抗体的数量和巨噬细胞的活力。

另外,对于生长发育中的幼龄动物还可促进免疫器官的发育与成熟。研究表明,乳酸菌可诱导机体产生干扰素、白细胞介素等细胞因子,通过淋巴循环活化全身的免疫防御系统,增强机体抑制癌细胞增殖。

动物口服益生菌后,可以调整肠道菌群,使肠道微生态系统处于最佳的平衡状态,活化肠黏膜内的相关淋巴组织,使分泌型免疫球蛋白(SlgA)分泌增强,提高免疫识别力,并诱导 T 淋巴细胞、B 淋巴细胞和巨噬细胞等淋巴细胞产生细胞因子,通过淋巴细胞再循环而活化全身免疫系统,从而增强机体的免疫功能。

大量研究表明,在禽饲料中添加微生态制剂能增强消化酶活性,改善菌群平衡,增强机体抵抗力,显著提高家禽的成活率,降低死亡,可减少粪臭味,改善产品性能,提高产品品质,提高增重、饲料转化率和产蛋率。

二、生产微生态制剂的菌种来源及选择

(一)菌种的来源

开发微生态制剂,首先要筛选 1 株或几株优良菌种。在微生物种群中,可用作微生态制剂的菌种很多。美国食品与药物管理

局规定了 40 多种菌种可以作为微生态制剂的出发菌株。我国批准的可作为饲料添加剂的菌种有:干酪乳杆菌、植物乳杆菌、粪链球菌、乳酸片球菌、枯草芽孢杆菌、纳豆芽孢杆菌、嗜酸乳杆菌、乳链球菌、啤酒酵母、产朊假丝酵母、沼泽红假单胞菌、地衣芽孢杆菌、保加利亚乳杆菌、乳酸肠球菌和戊糖片球菌等。这些菌种的生理特性均已被深入研究,并在实际应用中表现出良好的生产性能。

目前,微生态制剂的菌种来源一般有 3 种方式:①从动物肠道中分离并纯化后获得的益生菌,对其进行鉴定后按照常规发酵方式进行培养加工;②直接从市售的益生菌制品中(乳酸饮料等)进行益生菌分离鉴定,挑选所需要的益生菌进行扩大培养;③从菌种保藏中心或相关企业购买菌种进行培养。

选育菌种时,应特别注意以下 3 个方面。首先菌株能否产生孢子,细菌的孢子是细菌的特殊结构,具有较强的抵御外界不良环境的能力,容易加工,具有耐贮存的优点。其次,菌株最好来自该动物的正常菌群(即土著菌群),许多细菌具有宿主特异性,动物机体对外界入侵的非共生微生物具有排斥反应,只有土著菌才能最大限度地发挥其益生作用,进入动物体内较易存活,并能与致病菌进行拮抗。最后,菌株是否具有产酸能力,产酸的细菌能在其生长部位造成一个酸性环境,既可抑制病原菌的生长,又有利于动物机体对营养物质的消化吸收,提高饲料转化率。

虽然也有很多微生物如芽孢杆菌等非土著菌群,其共生作用与正常菌群有所不同,但它们更多的消耗肠内氧气,造成不利于致病菌生存的环境,还产生酶和维生素等代谢产物,起到促进动物生长的作用,故也常被用作微生态制剂的出发菌株。目前,还有许多优秀的菌种尚未得到开发利用,如拟杆菌、优杆菌、消化球菌等。

(二)菌种的选择

1. 菌种不具有病原性 非病原性是生产微生态制剂筛选菌

第六章 家禽常用微生态制剂的合理使用

种的首要条件,有些病原菌即使促生长或者其他生产性能非常好,也绝对不予考虑。因此,必须确定开发菌株的安全性,并且对该菌种可能的代谢产物进行系统的研究。值得注意的是,一株现在无毒副作用的菌种,将来可能因为理化、微生物、毒素和菌种本身原因引起负性突变,变成有毒菌种,所以应定期对生产菌种进行安全试验检测。

2. 菌种须达到一定的浓度 微生态制剂中起主要作用的是活性微生物,虽然其中某些代谢产物对动物的生产性能也有一定的正面作用,但目前除少数微生态制剂以液体形式上市外,绝大多数均通过发酵、收集菌体、干燥和固化处理后以固形物投放市场。因此,保证制剂中活性微生物的含量对发挥其益生作用至关重要,对其产品的检验也应采用活菌记数,而不是细菌总量记数。

目前,对微生态制剂中活性微生物的含量尚无特别严格规定,数量在每克几亿个至几百亿个不等,如瑞典生产的 Medipharmtabisil 含乳酸菌 20×10^9 个/克,乳酸杆菌 $\geqslant 5$ 亿个/克,粪链球菌 $\geqslant 200$ 亿个/克。由这些细菌混合制成的微生态制剂,细菌含量不少于 50 亿~100 亿个/克。

3. 菌种理化性质要稳定 用于制备微生态制剂的菌种必须具有较好的稳定性,主要指对特定环境的耐受力,如温度、湿度、酸度、机械摩擦和挤压以及室温条件下的保存时间等。菌种稳定性的高低直接关系到微生态制剂的使用效果。对于饲用微生态制剂,必须经受饲料加工过程中高温的考验,所以菌种对温度的稳定性显得尤为重要。不同菌种对高温的耐受力差异较大,芽孢杆菌耐受力最强,100℃条件下作用 2 分钟只损失 5%~10%;而在 80℃条件下作用 5 分钟,乳酸杆菌、酵母菌的损失为 70%~80%;95℃条件下作用 2 分钟损失可达 98%~99%。在一般的制备过程中,80℃~100℃对芽孢杆菌的影响较小,对乳酸杆菌、酵母菌和粪链球菌等影响较大。就耐水性而言,孢子型细菌耐受性最好,肠球菌、粪链球菌次之,乳酸杆菌最差。除耐酸性的芽孢杆菌和乳酸菌外,一般的活菌制剂在胃酸作用下会被大量杀死,残存的少量活菌进入肠道后很难形成菌群优势。因此,不耐酸的活菌制剂其含菌量必须达到相当大的浓度才能发挥益生作用。此外,饲料的保存时间、饲料中的矿物质和不饱和脂肪酸也会影响益生菌的活力。微生态制剂稳定性方面的研究,一直是微生物学家的研究热点,随着多种技术的不断运用,出现了加入适当的包裹剂的产品,使微生态制剂的稳定性有了进一步的提高。此外,也可运用基因工程技术构建更利于生产、保存、定植、繁殖或具有特殊功能的工程菌制剂。

4. 适合规模化生产 用作微生态制剂生产的菌种应适合大规模培养,这样才能有效降低生产成本。应特别筛选那些在体内外繁殖速度快、生长条件要求低、可在较短时间形成高生物量的益生菌,同时对菌种的生理特性进行系统的研究,探索菌种生长的最适生长条件。目前,微生态制剂菌种的培养主要选用固体表面发酵法和液体深层发酵法。固体表面发酵法生产成本高,产量低,不适宜工业化批量生产;液体深层发酵法是现代发酵工业的主要形式,可使用机械搅拌式发酵罐或气升式发酵罐发酵菌种,细菌经发酵培养大量增殖后,经浓缩、干燥得到半成品,然后按要求配成成品。

三、微生态制剂的使用方法

(一)微生态制剂的选择

目前,市场上很多微生态制剂为通用型,即一种产品多种动物均可使用。没有针对一种动物开发特定的专用产品,且使用目的并不明确,导致这些产品的使用效果难以保证。

第六章 家禽常用微生态制剂的合理使用

不同种类的微生态制剂,其中所含细菌对宿主有一定的特异性,因此在选择微生态制剂时,应根据养殖品种,选择相对应的微生态制剂。在使用微生态制剂的同时要充分考虑到其作用对象以及使用目的,对不同的动物要区别对待。

有益活菌对宿主的定植有种属特异性,因正常菌群在动物消化道内定植是通过细菌的黏附作用完成的,这种黏附作用具有种属特异性,从某一动物分离的细菌,只对该类动物具有较强的定植性,对其他动物则不易定植。同时,细菌的种属不同,其黏附性也有差异,细菌的黏附性是由特异黏附素 C(一种蛋白样物质)来决定的。

微生态制剂根据用途可分为养殖环境调节剂、控制病原的微生态控制剂以及提高动物抵抗力增进健康的饲料添加剂等 3 类。在实际生产中应根据不同的需要选择合适的制剂,预防动物常见疾病,选用乳酸菌、片球菌、双歧杆菌等产乳酸类的细菌效果会更好;促进家禽快速生长、提高饲料转化率则可选用以芽孢杆菌、乳酸杆菌、酵母菌和真菌等制成的微生态制剂;如果以改善养殖环境为主要目的,应选用光合细菌、硝化细菌以及芽孢杆菌为主的微生态制剂。总之,在动物微生态理论指导下有针对性地使用,才能以最经济的代价达到理想效果。

(二)微生态制剂的使用时间及时机

微生态制剂在动物生长的任何过程均可使用,但不同生长时期微生态制剂的作用效果有所不同。从新生畜禽开始使用,可保证其中的有益微生物先占据消化道,从而减少或阻止病原菌的定居;动物处于幼龄期时,体内微生态平衡尚未完全建立,抵抗疾病的能力较弱,此时使用微生态制剂,可较快地进入体内,并迅速占领附着点,从而使微生态制剂的效果发挥到最佳。

研究表明,新生反刍动物肠道内有益微生物种群数量的增加不但可以促进宿主动物对纤维素的分解和消化,而且有助于防止病原微生物侵害肠道。另外,在断奶、运输、饲料改变、天气突变和饲养环境恶劣等应激条件下,动物体内细菌的微生态平衡遭到破坏,这个时期引入微生态制剂可有效地调整动物体内细菌的微生态平衡,对形成优势种群极为有利。因此,把握益生菌的应用时机,尽早饲喂,并要连续长期饲喂,达到建立优势菌群的数量优势,其益生作用才能得到充分发挥。

(三)微生态制剂的添加剂量

建立益生菌的数量优势和连续使用是合理使用微生态制剂应注意的问题。微生态制剂的益生作用是通过有益微生物在动物体内一系列生理活动来实现的,其最终效果同施加的益生菌的数量密切相关,数量不够,在体内不能形成菌群优势,难以起到益生作用。试验研究表明,如果一种细菌在盲肠内容物中的浓度低于10^7个/克,则该菌产生的酶及代谢产物不足以影响宿主;数量过多,超出占据肠内附着点和形成优势菌群所需的菌量,益生菌的功效不会增加,还会造成不必要的浪费。微生态制剂用于特定养殖动物所需的菌群数量目前尚无统一的规定,国外学者认为,乳酸杆菌因制剂不同而有差异,其数量不少于10^7个/克,每日施加$0.1\sim 3$克,一般添加量为$0.02\%\sim 0.2\%$才能保证效果。

(四)微生态制剂与抗菌药物配合使用

在我国的规模化养殖模式中,饲料中抗菌药物的添加是不可避免的。养殖场在使用微生态制剂的同时使用抗菌药物,会导致两者出现拮抗,影响微生态制剂效果的发挥。因此,在使用微生态制剂时要合理地使用抗菌药物。

由于抗菌药物的杀菌作用十分明显,可以弥补微生态制剂在治疗上的不足,因此可以先用抗菌药物杀灭病原菌,扫清道路,使微生物制剂无竞争对手,无阻碍地建立全新的肠道微生态体系,以更好地发挥微生态制剂的作用。在动物发病期,可先选用针对性较强的抗菌药物杀灭致病微生物或抑制致病微生物的繁殖,控制疾病的蔓延。但抗菌药物在杀灭致病菌的同时,动物体内的正常菌群也遭到破坏,故此时引入微生态制剂,通过其独特的益生作用,使紊乱的肠道菌群平衡得到恢复,这就是所谓的微生态制剂与抗菌药物的协同作用。

因为微生态制剂所含有的活菌对抗菌药物及其他杀菌药物敏感,故使用微生态制剂时,不可与抗菌药物及其他杀菌药物混用,如果确实需要使用这些药物,也应间隔24小时以上再使用,尽量不要把这两种制剂同时使用。

(五)微生态制剂的保存

微生态制剂含有一些活的微生物,不良的保存方法会造成微生物数量的减少,导致微生态制剂活性降低或失活。未开封使用的微生态制剂应保存在干燥、凉暗的地方,适宜的保存温度为5℃~15℃;未用完的微生态制剂应存放在干燥、凉暗的环境中,同时要特别注意密封,因为氧气可能导致微生态制剂中的厌氧菌死亡。微生态制剂不论开启与否,均不宜长时间存放,存放时间越长,活菌数目越少,其功效越差或完全失去效力。

四、微生态制剂在使用中存在的问题

虽然微生态制剂在生产实践中已得到了广泛应用,并取得了一定的效果,但在生产实践中仍然存在许多问题,需要进一步的改进和完善。

一是定植困难。微生态活菌制剂中的活菌主要是体外培养产物,而且大多属于非肠道细菌,不适于肠道生存,竞争力不强,难以定植。动物肠道内的微生物系统是经过数亿年生物进化的结果,是平衡的完美体系,特别是成年动物更是比较稳定,不容易被外源性的仁生菌体系所替代。有益活菌对宿主的定植有种属特异性,从某一动物分离的细菌,只对该类动物有较强定植性,对其他动物则不易定植。

二是竞争力不强。微生态制剂的繁殖速度处于劣势。1株致病性大肠杆菌24小时可以增殖成43亿个菌的群体,而微生态制剂中的活菌增殖速度远远达不到这个速度,较难形成群体优势。

三是杀菌力不强。微生态制剂中的活菌,对致病菌缺乏强有力的杀伤作用。

四是抵抗灭活作用不强。大多数有益活菌适宜的pH值为6~7,通过pH值低于6的胃酸环境时易被灭活。另外,消化道内的胆汁酸对有益活菌也有灭活作用,从而使微生态制剂中的菌株不能定植于肠道内,所以微生态制剂中的菌株通过胃及小肠两道关卡后,数量大大减少,活力严重削弱,发挥作用有限。

五是不能久存、不耐高温。微生态制剂均含有大量活菌,在饲料加工、运输、贮存过程中容易失去活性,降低生物活性作用。此外,随着保存时间的延长,微生态制剂中的活菌数量不断减少,活力逐渐减弱,只有芽孢杆菌对外界的抵抗力比其他益生菌强。在加工过程中,温度达到80℃~100℃时,有大量不耐热的活菌会被杀死。因此,微生态制剂都不能长期保存,也不耐高温和日晒。

六是菌种数量较少。目前使用的微生态制剂菌种还较少,只有芽孢杆菌、乳酸杆菌、双歧杆菌、链球菌及酵母菌等少数菌种,而且除乳酸杆菌和双歧杆菌外,其他制剂在肠道内的作用机制尚不清楚。

微生态制剂是一种新型活菌饲料添加剂,具有抗菌药物和酶的功效。使用一定量的微生态制剂可增强动物抗病能力,促进生长,提高饲料转化率。该制剂还是一种环保型产品,具有无毒副作用、无耐药性、无残留、无污染的优点,对提高畜禽产品质量、改善生态环境具有重要意义。微生态制剂在未来应朝着能够获得1种或几种可靠的、自始至终能产生良好作用的微生态制剂使用菌种发展,相信在将来微生态制剂能够为我们的畜牧业做出更大的贡献。

五、微生态制剂的发展趋势

微生态制剂是无毒、无污染的环保产品,目前已广泛应用于畜牧、水产养殖业中。早在1981年研究人员就指出:"抗生素之后的时代将是微生态制剂的时代"。微生态制剂的发展趋势主要涉及如下几个方面。

一是由单一菌株发展为复合菌制剂。多年的使用经验证明,单一菌株的生态制剂的效果不如复合菌制剂。目前国内外均在开发复合菌制剂。复合菌制剂之间具有协同作用,其效果明显优于单一菌制剂,因此呈现出由单一菌株微生态制剂向复合菌微生态制剂发展的趋势。

二是研发高稳定性制剂。微生态制剂生产上的一大难题是如何保持生产菌株的稳定性,生产菌株的稳定性是保证微生态制剂效果的根本基础。益生菌从制剂生产到进入动物肠道发挥作用,需要经历自身代谢产物、氧、热以及胃酸和胆汁等不利因素的影响,因此要获得高稳定制剂,需要在多个技术方面进行突破。通常将活菌进行微胶囊包埋后进行喷雾或低温冷冻干燥,既保证了活菌量,又能有效缓解微生态制剂在胃肠中失活的问题。有的研究以休眠体形式代替活菌形式投入饲料中饲喂动物以提高菌株的稳定性,再利用基因工程技术使休眠态的微生态制剂在动物体内的特定位置激活,以发挥预期效力。另外,利用遗传工程技术,改善其耐热、耐酸等抗外界不良环境特性,采用各种生物技术开发出更多的品种,是值得深入研究的问题。

三是针对不同动物开发专一制剂。根据不同种类和同种不同日龄动物群体开发专用制剂,可最大限度地发挥微生态制剂的应用效果。同时,还需要加强不同动物群体肠道菌群的功能、演替规律、影响因素等的研究,筛选研制适合专用的益生菌菌株及其制剂。

六、家禽常用微生态制剂的种类及使用方法

微生态制剂的分类方法目前没有统一的规则,根据微生态制剂的用途及作用机制可分为微生态生长促进剂、微生态多功能制剂及微生态治疗剂;根据微生态制剂组成可分为单一菌制剂和复合菌制剂。生产中常根据微生物菌种类型分类,将微生态制剂划分为芽孢杆菌制剂、乳酸菌制剂、酵母类制剂、优杆菌制剂和拟杆菌制剂等。

(一)单一菌制剂

单一菌制剂是指由一种益生菌制成的微生态制剂。

1. 枯草芽孢杆菌

【主要成分】 本品主要成分为枯草芽孢杆菌,产品中总菌数不低于 200 亿 CFU/克。

【物理性状】 本品为浅黄色粉末,略带腥臭味。

【作用与用途】 ①减少鸡肠道疾病的发生,特别是对防治腹泻和菌痢具有良好的作用,对沙门氏菌病的防治效果明显。②提高饲料转化率,降低生产成本;提高蛋鸡产蛋率,提高肉鸡的日增重。③提高动物产品质量,减少鸡蛋中的腐败硫化物的数量,对种鸡生产和种蛋孵化有利。④净化养殖环境,减少发病诱因。

【用法与用量】 饲料加工时的添加量为 0.1%~0.3%。拌

第六章 家禽常用微生态制剂的合理使用

料饲喂时按 0.02%～0.03%加入到饲料中,直接投喂,每 10～15 天使用 1 次。养殖环境处理按每平方米 1 克的剂量先用适量水溶解后均匀泼洒或直接抛洒,每 10～15 天使用 1 次。

【注意事项】 ①本品不能与抗生素、消毒剂、杀虫剂和其他化学药品同时使用,已经使用过这些药物的,最好间隔 3 天以上再使用本品。②将本品与光合细菌配合使用,使两者的功能互补,可获得更好的效果。

【贮藏与有效期】 于阴凉干燥处密封保存,保质期 24 个月,启封后需在 1 个月内用完。

2. 地衣芽孢杆菌

【主要成分】 本品是采用进口地衣芽孢杆菌菌株,通过现代生物育种技术进行驯化和改良,再经适当的培养基大量培养,纯化后制成的活性微生物制剂。其具有繁殖能力快、形成芽孢多、易存活、抗逆性强的特点,是一种能促进养殖动物生长,抑制病害微生物生长繁殖的微生物活性制剂。每克制剂活菌含量为 200 亿个。

【物理性状】 本品为黄褐色粉末,水分含量≤10%。

【作用与用途】 ①促进肠道内正常生理性厌氧菌的生长,调整肠道菌群失调,恢复肠道功能;②对肠道细菌感染具有特效,对轻型或重型急性肠炎、轻型及普通型的急性菌痢等,均有明显疗效;③能产生抗活性物质,并具有独特的生物夺氧作用机制,能抑制致病菌的生长繁殖。

【适用对象】 适用于细菌引起的肠道菌群失调症以及肠道需要保健的养殖动物。

【用法与用量】 添加在饲料中,每吨添加 50～100 克(全价料),注意混合均匀。饲料加工时按 0.1%～0.3%添加。拌料饲喂时按 0.02%～0.03%加入到饲料中,直接投喂,每 10～15 天使用 1 次。养殖环境处理时按每平方米 1 克的剂量,用适量水溶解后均匀泼洒或直接抛洒,每 10～15 天使用 1 次。养殖水处理时按每 667 米² 水面用 50~100 克对水均匀泼洒,每 10~15 天使用 1 次。水质严重恶化时可加倍使用,使用 1 个周期后隔 5~7 天再用 1 次。

【注意事项】 ①本品为活菌制剂,细菌活性较强,应在密闭阴凉避光处保存。②禁止与抗生素、杀虫剂、杀菌剂、消毒剂、强酸和强碱类产品混合使用。③使用本品时免疫程序正常进行。

【贮藏与有效期】 在阴凉干燥处密封保存,有效期为 3 年。

3. 高活性酵母菌

【主要成分】 优选天然微生物菌种,经过深层通气发酵和无菌加工精制而成,可耐受胃内酸性环境,对抗生素不敏感,无耐受性,长期使用无副作用。活细胞数超过每克 200 亿个。

【物理性状】 淡黄色或乳白色条状小颗粒。

【作用与用途】 动物胃肠道微生态调节剂。增强动物食欲,提高采食量;促进动物生长,降低饲料系数;减少动物便秘,促进后肠发酵;降低粪便中病原菌数量,改善养殖环境;调节动物肠胃微生物区系平衡,促进有益菌增殖,预防幼畜腹泻。

【用法与用量】 拌料饲喂时,仔猪每吨添加 0.5~1 千克,肉鸡每吨添加 0.3~0.6 千克,妊娠及哺乳母猪每吨添加 0.25~0.5 千克,蛋鸡每吨添加 0.3~0.6 千克。

【贮藏与有效期】 真空铝箔包装,置于阴凉干燥处贮存,保质期为 24 个月。

4. 乳酸菌

【主要成分】 本产品是通过严格的菌种筛选、食品级乳酸菌生产工艺、菌体四层包埋和液态氮冷冻干燥技术而生产出的高活力、高稳定性的乳酸菌制剂,能够完全溶于水中,通过饮水系统进入家禽肠道而发挥功效,连续使用可取代饲用抗生素,预防家禽疾病和减少死亡率,提高日增重,改善养殖环境。活性乳酸菌含量≥100 亿个/克。

第六章 家禽常用微生态制剂的合理使用

【物理性状】 本品为黄褐色粉末。

【作用与用途】 ①维护家禽肠道菌群平衡,促进幼雏健康发育,预防腹泻,降低死亡率。②促进家禽生长发育,提高饲料转化率,改善鸡群整齐度。③改善抗生素治疗后的胃肠道菌群失衡问题,迅速恢复胃肠动力。④增强家禽免疫力和抗应激能力,减少抗生素用量,降低肉、蛋等禽产品中的抗生素残留,减少沙门氏菌污染和传播,提高食品安全性。⑤预防过料,减少粪便中的饲料残留,消除臭味,改善饲养环境,减少养殖对环境的污染。⑥益生菌群随着家禽的排泄物排放至土壤中继续繁殖,改善土壤有益菌菌群,进一步分解土壤中的有机质,增加土壤肥力,提高动物粪便的再利用价值。

【用法与用量】 将本产品按以下用量投入到干净饮用水中,搅拌至完全溶解,供给鸡群饮用。1~5日龄,每5 000只鸡用20克/天;6日龄至出栏,每5 000只鸡用10克/天;抗生素治疗后1~3天,每5 000只鸡用20克/天;应激期(转群、运输、换料、接种疫苗、高温、高湿、拥挤)前、后1~3天,每5 000只鸡用20克/天。

【注意事项】 ①菌粉投入水中,建议在4小时内用完,以保证乳酸菌的最佳活性。②如果是循环水,请在加菌时关掉循环水,用完后再放新水,并定期使用酸化剂,以保证饮水器不被堵塞。③当在饮水中添加消毒剂时,不宜同时用益生菌,应间隔24小时以上。④饲喂抗生素时不宜同时使用益生菌。

(二)复合菌制剂

复合菌制剂是由多种细菌混合制成,国内外大量研究和应用证明,多种菌种可以发挥协同作用,应用效果比单一菌制剂更显著、更稳定。复合菌制剂已经在微生态制剂中占有很大的比列。

1. 微特美(微生物饲料菌种)

【主要成分】 本品由双歧菌、乳酸菌、芽孢杆菌、光合细菌、酵母菌、放线菌、醋酸菌等单一菌种复合发酵提纯而成,产品含有益菌总数不低于200亿CFU/克。

【物理性状】 本品为灰白色粉末。

【作用与用途】 ①可以发酵微生物饲料、制作EM菌液(EM原露、EM原液)等微生物产品;②能防治雏鸡白痢、青年鸡球虫病、脱肛和腹泻等消化道疾病;③能促进畜禽生长,提高动物繁殖能力,提高饲料转化率、产蛋率和产肉率;④可用于发酵床,发酵床材料如锯末、秸秆粉、干草粉、干净黄土等;⑤本品可使畜禽增重率提高10%~30%,使用本品后所产的肉、蛋、奶能延长保鲜和贮存时间。

【用法与用量】 ①使用时将本品1千克加入3000千克饲料搅拌均匀直接饲喂。②也可先用1500千克含糖5%~8%的红糖水喷湿混合菌种的饲料,而后密封(厌氧)发酵1~3天(温度25℃~35℃),即可制作出微生物发酵饲料。③本品也可以先发酵成原液再使用。取本品1千克用100千克含糖5%~8%的红糖水发酵,而后密封(厌氧)发酵3~7天(温度30℃~35℃),发酵好的原液按1:500倍稀释后供动物饮用、混入饲料、喷洒到动物粪便上、发酵秸秆等,治疗动物疾病时按1:100倍稀释。

【注意事项】 ①本品为活菌制剂,细菌活性较强,应在密闭、阴凉、避光外保存。②本品禁止与抗生素、杀虫剂、杀菌剂、消毒剂、强酸和强碱类产品混合使用。③使用本品时免疫程序正常进行。

【贮藏办法】 在阴凉、干燥处密封保存,有效期为3年。

2. 益多·菌圣

【主要成分】 含有大量的芽孢杆菌、乳酸菌、双歧杆菌等益生菌以及这些菌的代谢产物如氨基酸、有机酸、促生长因子等。可维持肠道生态平衡,抑制有害菌生长,并且有效分解饲料中的淀粉和蛋白质等大分子物质,释放出禽类易于消化吸收的小分子营养物质,提高饲料转化率,改善禽类的生产性能。产品含菌量为20亿CFU/克。

【物理性状】 棕色粉末,有轻微发酵味。

【作用与用途】 ①提高饲料报酬5%～10%,促进饲料中营养物质的消化吸收;②增强禽类的免疫功能,提高禽类的抗应激能力;③有效防治禽类腹泻和菌痢,对沙门氏菌病的防治效果明显。

【用法与用量】 使用初期、应激期、病后恢复期按日粮的0.15%添加,连用5天。拌料时按日粮的0.05%～0.1%添加,即每1 000克菌种拌料1 000千克。为确保充分混匀,可先用少量日粮与本品充分混匀,再按比例均匀混至规定用量。饮水时每1 000克本品对水(水温不能超过40℃)1 000～1 500升,搅匀后静置30分钟,取上层液体直接饮水。沉淀物可用于拌料投喂,勿将沉淀加入饮水器中,以免堵塞饮水器。

【注意事项】 ①本品不能与抗菌药物同时使用,若已使用抗菌药物,应停药3天后再使用本品。免疫时不影响本品的应用,使用本品饮水时,饮水中不可含有消毒药。②本产品无毒、无害,可自然降解。将产品放在儿童不能触及的地方。如不慎溅入眼睛,应立即用清水冲洗。

【贮藏与有效期】 室温下贮存,避免阳光直射和潮湿,保质期为2年,2年内活性保持在90%以上。

3. 增收产蛋宝(蛋鸡专用菌)

【主要成分】 含有大量的芽孢杆菌、乳酸菌、酵母菌、维生素、有机酸、促生长因子等,含菌量为20亿CFU/克,可维持肠道生态平衡,抑制有害菌生长,并且有效分解饲料中的淀粉和蛋白质等大分子物质,释放出蛋鸡易于消化吸收的小分子营养物质,提高饲料转化率(5%～10%),显著提高产蛋率,提升鸡蛋的品质,延长产蛋高峰。

【物理性状】 棕色粉末,有轻微发酵气味。

【作用与用途】 ①生物夺氧,促进有益厌氧微生物的生长繁殖,维持肠道生态平衡,有效防治蛋鸡腹泻和菌痢,对沙门氏菌病的防治效果明显。②促使机体产生抗菌活性物质,杀灭或病菌,增强蛋鸡的免疫功能,提高蛋鸡的抗应激能力。③促进蛋鸡肠道发育,增强消化酶的活性,提高蛋鸡的消化吸收能力,提高饲料转化率。④延长产蛋高峰,产生多种营养物质如维生素、氨基酸、有机酸、促生长因子等,促进蛋鸡的生长。⑤产生乳酸、醋酸,提高钙、磷、铁的利用率,改善鸡蛋的品质,减少畸形蛋、白壳蛋,改善蛋壳颜色和蛋黄色泽,降低破蛋率,降低鸡蛋的胆固醇含量。

【用法与用量】 使用初期、应激期、病后恢复期按日粮的0.15%添加,连用5天。拌料时按日粮的0.05%~0.1%添加,即每1000克菌种拌料1000千克,为确保充分混匀,可先用少量日粮与本品充分混匀,再按比例均匀混至规定用量,饮水时每千克本品对水(水温不能超过40℃)1000~1500升,搅匀后静置30分钟,取上层液体直接饮水,沉淀物(载体)可拌料使用。勿将沉淀物加入饮水器中,以免堵塞饮水器。

【注意事项】 ①本品不能与抗菌药物同时使用,若已使用抗菌药物,应停药2天后再使用本品。②免疫时不影响本品的应用,应用本品饮水时,饮水中不可含有消毒药。③本产品无毒、无害,可自然降解。应将产品放在儿童不能触及的地方。如不慎溅入眼睛,应立即用清水冲洗。

【贮藏与有效期】 室温下贮存,应注意避免阳光直射和潮湿,保质期为24个月。

4. 除臭菌立克(鸡舍专用)

【主要成分】 由芽孢杆菌、乳酸菌群、酵母菌群、放线菌群等十几种微生物组成,菌数达10亿CFU/克。本品无任何激素和抗生素成分,无任何毒副作用,同一般生物制剂相比,它具有绿色无公害、发酵稳定、升温迅速、节能环保、除臭效果好、性能稳定、安全可靠的特点,适用于以发酵床自然生态养鸡、养猪为主的养殖业生产。

【物理性状】 本品为深棕色粉末,有轻微的发酵气味。

【作用与用途】 ①减少氨气等有害气体的产生,消除鸡舍的臭味,除氨率达70%,应用时可逐渐减少用量至消灭蚊、蝇为止。②减少因有害气体诱发的呼吸道疾病。③提升鸡的免疫功能,增强抗逆能力。④发酵升温,节省取暖能源,降低生产成本。⑤不用水冲洗鸡舍,节省水源,减少劳动量。

【用法与用量】 用50倍水溶解后,在垫料中逐层洒匀,按0.05%~0.1%喷洒垫料上(即每吨垫料添加500~1 000克)。用户可以根据情况,适当调整用量。

【注意事项】 本产品无毒、无害,可自然降解。将产品放在儿童不能触及的地方。如不慎溅入眼睛,应立即用清水冲洗。

【贮藏与有效期】 室温贮存,避免阳光直射和潮湿,保质期为24个月。

5. 益多菌素

【主要成分】 是一种新型的微生态活性菌剂,由光合细菌、乳酸菌群、酵母菌群、放线菌群、丝状菌群等几十种微生物组成,菌数为每毫升10亿CFU。具有性能稳定、功能齐全的优势,无任何激素成分,无任何毒副作用,在养殖应用上十分安全可靠。

【物理性状】 深棕色液体,有轻微的发酵味。

【作用与用途】 ①通过调节肠道菌群,防治动物腹泻;提升禽类的免疫功能,增强抗逆能力。②增加产量,提高经济效益。③不含化学有害物质,绿色无污染,健康无公害,保护生态环境。④消除引起动物呼吸道疾病的氨气及其他刺激性气体。⑤由多种有益微生物组成,形成复杂而又稳定的微生态系统。⑥产生抗氧化物质,消除腐败,抑制病原菌;产生大量易被禽类吸收的有益物质,如氨基酸、有机酸、各种维生素、各种生化酶、促生长因子、抗生素和抗病毒物质等。⑦分解动物粪便中产生臭气的有机物。

【用法与用量】 稀释后饮水,以稀释 500 倍效果最佳。以 1∶50～100 倍稀释,均匀喷洒圈舍,除臭效果极佳。

【注意事项】 本产品无毒、无害,可自然降解。应将产品放在儿童不能触及的地方。如不慎溅入眼睛,应立即用清水冲洗。

【贮藏与有效期】 在 20℃～25℃的室内贮存,避免阳光直射和潮湿,保质期为 1 年,1 年内活性保持在 90%以上。

6. 饲料益菌素(鸡饮水专用)

【主要成分】 本品由光合细菌、乳酸菌群、酵母菌群、放线菌群、丝状菌群等 5 科 10 属几十种微生物组成,菌体数达 10 亿 CFU/毫升。同一般生物制剂相比,它具有结构复杂、性能稳定、功能齐全的优势,适用于以养鸡为主的养殖业生产等多种领域。

【物理性状】 本品为深棕色液体,有轻微发酵气味。

【作用与用途】 多种有益微生物组合成同一状态,形成复杂而又稳定的微生态系统,调节肠道菌群,防治动物腹泻、消化不良。产生抗氧化物质,抑制病原菌,提升禽类的免疫功能,增强抗逆能力。在肠道内产生大量易被家禽吸收的有益物质,如氨基酸、有机酸、各种维生素、各种生化酶、促生长因子、抗生素和抗病毒物质等。分解动物粪便中产生臭气的有机物,减少动物呼吸道疾病的发生,冬季减少通风量,节约能源,降低成本。

【用法与用量】 稀释后饮水,按 1(菌液)∶600 的比例稀释。稀释 500 倍效果最佳。环境喷洒,本品按 1∶50～100 的比例进行稀释,均匀喷洒圈舍,除臭效果极佳。每天 1 次,当恶臭味变淡后可改用 150 倍稀释液喷洒,每 7 天 1 次,持续 2 周,以后每 15 天 1 次进行有规律的重复喷洒。初次(5～7 天)使用时采用饮水和喷洒均可,以后可采用这两种方法中的任意一种。

【注意事项】 ①本品不能与抗菌药同时使用,若已用抗菌药,应停药 2 天后使用。②免疫时不影响本品的应用,应用本品饮水时,饮水中不可含消毒药。③本产品无毒、无害,可自然降解。将产品放在儿童不能触及的地方。如不慎溅入眼睛,应立即用清水冲洗。

【贮藏与有效期】 室温下贮存,避免阳光直射和潮湿,保质期为1年,1年内活性保持在90%以上。

7. 地衣芽孢杆菌

【主要成分】 本品是采用美国的地衣芽孢杆菌菌株,通过现代生物育种技术进行驯化和改良而成的有益于畜牧、水产养殖的高活性微生物品种,地衣芽孢杆菌高纯粉≥200亿/克,水分≤10%。

【物理性状】 本品为黄褐色粉末。

【作用与用途】 ①促进肠道内正常生理性厌氧菌的生长,调整肠道菌群失调,恢复肠道功能。②对肠道细菌感染具有特效,对轻型或重型急性肠炎、轻型及普通型的急性菌痢等,均有明显疗效。③能产生抗活性物质,并具有独特的生物夺氧作用机制,能抑制致病菌的生长繁殖,适用于细菌引起的肠道菌群失调症以及肠道需要保健的养殖动物。

【用法与用量】 在饲料中添加的剂量为50~100克/吨(全价料),注意混合均匀。饲料加工时按0.1%~0.3%的比例添加。拌料饲喂时按0.02%~0.03%的比例加入到饲料中,直接投喂。每10~15天使用1次。养殖环境处理时按每平方米1克的剂量,用适量水溶解后均匀泼洒或直接抛洒,每10~15天使用1次。养殖水处理时按50~100克/667米^{2}剂量对水均匀泼洒,每10~15天使用1次;水质严重恶化时剂量可加倍,并隔5~7天再用1次。

【注意事项】 ①本品为活菌制剂,细菌活性较强,应在密闭、阴凉、避光处保存。②禁止与抗生素、杀虫剂、杀菌剂、消毒剂、强酸和强碱类产品混合使用。③使用本品时免疫程序正常进行。④用于水处理时应注意增氧。

【贮藏与有效期】 在阴凉、干燥处密封保存,有效期为36个月。

8. 干酵蛋白饲料菌种

【主要成分】 本品由双歧菌、乳酸菌、枯草芽孢杆菌、光合细菌、酵母菌、放线菌、醋酸菌等单一菌种复合发酵提纯而成,每克含有益菌总菌数不低于200亿CFU。

【物理性状】 本品为黄褐色粉末。

【作用与用途】 ①大幅提高饲料营养价值;②增强畜禽机体免疫力,提高消化吸收能力;③调节肠道微生物平衡,加快畜禽生长速度;④减少病害,节省药费,降解残留;⑤消除栏舍恶臭味,实施生态养殖;⑥降低饲养成本,增加有效产出;⑦生产安全、健康、无污染的优质绿色动物源性食品;⑧兼具生态、经济、社会效益,推动可持续发展。

【用法与用量】 按全价料的0.02%~0.03%添加。

【注意事项】 ①本品为活菌制剂,细菌活性较强,应在密闭、阴凉、避光处保存。②禁止与抗生素、杀虫剂、杀菌剂、消毒剂、强酸和强碱类产品混合使用。③使用本品时免疫程序正常进行。

【贮藏与有效期】 在阴凉、干燥处密封保存,有效期为36个月。

9. 微生物饲料菌种

【主要成分】 本品由双歧菌、乳酸菌、芽孢杆菌、光合细菌、酵母菌、放线菌、醋酸菌等单一菌种复合发酵提纯而成,每克含有益菌总数不低于200亿CFU。

【物理性状】 本品为灰白色粉末。

【作用与用途】 可以发酵微生物饲料、制作EM菌液(EM原露、EM原液)等微生物制品;能防治雏鸡白痢、青年鸡球虫病等。能促进家禽生长,提高动物繁殖能力,提高饲料转化率、产蛋率和产肉率。

第六章 家禽常用微生态制剂的合理使用

【用法与用量】 ①使用时将本品1千克加入3000千克饲料中混合均匀直接饲喂。或先用1500千克含糖5%~8%的红糖水喷湿混合菌种的饲料,而后密封(厌氧)发酵1~3天(温度25℃~35℃),即可制作出微生物发酵饲料。②本品也可以先发酵成原液再使用,取本品1千克用100千克含糖5%~8%的红糖水发酵,而后密封(厌氧)发酵3~7天(温度30℃~35℃),发酵好的原液按1:500倍稀释后供动物饮用、混入饲料、喷洒到动物粪便和发酵秸秆等。③治疗动物疾病时可1:100倍稀释。

【注意事项】 ①本品为活菌制剂,细菌活性较强,应在密闭、阴凉、避光外保存。②禁止与抗生素、杀虫剂、杀菌剂、消毒剂、强酸和强碱类产品混合使用。③使用本品时免疫程序正常进行。

【贮藏与有效期】 在阴凉、干燥处密封保存,有效期为36个月。

第七章 家禽常用副免疫制品的合理使用

副免疫制品能刺激动物机体产生特异性和非特异性免疫,提高动物机体的免疫力,从而使动物机体对其他抗原物质的特异性免疫力更强、更持久。长期以来,人们主要注重疫苗免疫,而忽略了副免疫制品的免疫增强作用。大量的实践证实,副免疫制品能够增强疫苗免疫的效果。目前,养殖业中普遍面临着耐药性菌株的出现以及药物残留的不断增多,只采用疫苗来提高动物的免疫力已经不能满足疫病控制的需要。在使用疫苗的同时,注重副免疫制品的使用,减少抗菌药物的添加,是提高动物抗病力和产品质量的有效方法。

副免疫制品的发展非常迅速,但目前仍没有统一的分类方法,为了便于大家了解,本书按照主要成分将家禽常用副免疫制品分为以下几种。

一、酶制剂

酶是具有高度生物活性的生物催化剂,在机体生长发育和繁殖等生命过程中发挥着非常重要的作用,饲用酶制剂是指利用微生物技术生产的胞外酶。大量试验证实,动物饲料中添加酶制剂,除了分解特定的底物外,还可以清除饲料中抗营养因子和毒素的有害作用,提高动物对饲料的消化率和利用率,改善动物的生产性能,减少动物排泄物中磷的排泄量,降低养殖成本,提高免疫力,促进畜禽健康。由于酶制剂具有高效、无残留、无毒副作用等特点,广泛应用于畜禽饲料中。根据饲用酶制剂中所含种类的多少可分为单一酶制剂和复合酶制剂。

(一)单一酶制剂

单一酶制剂包括蛋白酶、淀粉酶、果胶酶、非淀粉多糖酶、植酸酶等。

1. 蛋白酶 可将蛋白质分解为氨基酸,有酸性、中性和碱性之分,饲料中通常选用前两者。

【主要成分】 本品是一种由黑曲霉发酵产生的微生物蛋白酶。

【物理性状】 白色至淡黄色粉末。

【作用与用途】 ①可以提高饲料利用率,降低动物粪便中氨气的含量,减轻粪便对环境的污染。②分解抗营养因子,释放营养物质,提高饲料营养物质的消化吸收,调节动物免疫功能,提高抗应激能力。③提高日增重,降低料肉比。

【用法与用量】 拌料添加,蛋雏鸡每吨饲料添加 500~800 克,生长的蛋鸡每吨饲料添加 400~600 克,种蛋鸡每吨饲料添加 500 克。肉雏鸡每吨饲料添加 600~800 克,肉中鸡每吨饲料添加 500 克,肉大鸡每吨饲料添加 500~600 克。

【注意事项】 ①本产品无毒、无害,可自然降解。②饲养人员避免不必要的接触,长期接触可能会使人对该产品敏感。每次接触产品后要用温水、香皂洗手,将产品放在儿童不能触及的地方。

【贮藏与有效期】 在 21℃~25℃的室内贮存,避免阳光照射和潮湿,保质期为 24 个月。

2. 淀粉酶 包括 α-淀粉酶、β-淀粉酶和糖化酶等,能分解淀粉。

【主要成分】 本品是一种耐高温、性质稳定的细菌淀粉酶,由地衣芽孢杆菌发酵而成。

【物理性状】 白色或淡黄色粉末。

【作用与用途】 同蛋白酶。

【用法与用量】 同蛋白酶。

【注意事项】 同蛋白酶。

【贮藏与有效期】 同蛋白酶。

3. 果胶酶

【主要成分】 果胶酶是由一种优良的曲霉菌菌株经液体深层发酵和现代生物后提取技术制备的高活力果胶酶制剂。果胶酶作用于饲料原料,破坏植物细胞壁的胞间层,使细胞内容物裸露,释放出被包裹的营养物质,与动物内源消化酶接触并被降解,同时改变肠道黏性,减少了食糜黏度对养分利用及吸收所带来的负面影响。

【物理性状】 呈浅黄色粉末状。

【作用与用途】 同蛋白酶。

【用法与用量】 同蛋白酶。

【注意事项】 同蛋白酶。

【贮藏与有效期】 同蛋白酶。

4. 木聚糖酶

【主要成分】 木聚糖酶属于非淀粉多糖酶,能降低食糜的黏度。非淀粉多糖酶还包括阿拉伯木聚糖酶、纤维素酶、甘露聚糖酶、果胶酶等。木聚糖酶可以应用在饲料中,分解饲料原料细胞壁中的木聚糖,降低物料的黏度,促进有效物质的释放,并可降低饲料用粮中的非淀粉多糖含量,促进营养物质的吸收利用。

【物理性状】 呈浅黄色粉末状。

【作用与用途】 作用于饲料原料,分解木聚糖,改变肠道黏性,减少食糜黏度对养分利用及吸收所带来的负面影响,提高饲料转化率。降低动物粪便中营养物质的含量,减轻粪便对环境的污染。提高饲料营养物质的消化吸收,调节动物免疫功能,提高抗应激能力。提高日增重,降低料肉比。

【用法与用量】 鸡的用法与用量同蛋白酶,肉鸭和蛋鸭的添

第七章 家禽常用副免疫制品的合理使用

加量均为每吨饲料添加 500~600 克。

【注意事项】 ①饲养人员避免不必要的接触,长期接触有可能会诱发或导致过敏症或过敏反应,引起皮肤、眼睛和鼻黏膜的不适。因此,每次接触产品后要用温水、香皂洗手。应将产品放在儿童不能触及的地方。建议使用固体制剂时,操作人员应穿工作服,戴防尘面罩和手套,不要让本品粉末溅入眼睛、口、鼻之中,若沾染在皮肤或眼睛上应立即用清水清洗净,并迅速就医。②添加于饲料中时必须逐渐稀释,以达到与物料混匀的目的。稀释度应根据取食者的特性准确计量。③每次开袋或开桶后,若未用完,应扎紧袋口或拧紧桶盖,以免受潮或污染。

【贮藏与有效期】 置于 21℃~25℃ 的室内贮存,要求环境干燥、通风、阴凉,避免阳光照射和潮湿,保质期为 24 个月。

5. 葡聚糖酶

【主要成分】 本品是经 β-葡聚糖酶的高产微生物菌株发酵获得的 β-葡聚糖酶制剂。高质量的葡聚糖酶可以水解含有大量大麦、小麦、黑麦等谷物的家禽饲料中的葡聚糖,提高饲料转化率。

【物理性状】 为淡黄色粉末或棕色液体。

【作用与用途】 提高饲料转化率和饲料中营养物质的消化吸收,调节动物免疫功能,提高抗应激能力。提高日增重,降低料肉比。

【用法与用量】 同木聚糖酶。

【注意事项】 ①本产品无毒、无害,可自然降解。②使用人员避免不必要的接触,长期接触会使人对该产品敏感。每次接触产品后要用温水、香皂洗手。应将产品放在儿童不能触及的地方。

【贮藏与有效期】 在 21℃~25℃ 室内贮存,避免阳光照射和潮湿,保质期为 24 个月。

6. 纤维素酶

【主要成分】 本品由木霉菌经深层发酵、提取等工序制成。

【物理性状】 浅棕色或淡黄色粉末。

【作用与用途】 主要作用于纤维素分子 β-1,4 键,破坏纤维素的结构,使纤维素降解,生成纤维二糖、低聚糖和葡萄糖,提高饲料的利用率。

【用法与用量】 同葡聚糖酶。

【注意事项】 同葡聚糖酶。

【贮藏与有效期】 同葡聚糖酶。

7. 植酸酶

【主要成分】 本品是一种由植酸酶高产菌株发酵而成的酶制剂。

【物理性状】 淡黄色粉末或液体。

【作用与用途】 能分离豆类、谷实类及其他副产品饲料中植酸分子中的磷,同时释放出与植酸螯合的钙、镁、铜、锌等离子,供单胃动物吸收利用。提高饲料中磷的利用率,降低动物粪便中磷的含量,减轻粪便对环境的污染。分解抗营养因子,释放营养物质,提高饲料中营养物质的消化吸收,调节动物免疫力,提高动物抗应激能力。提高日增重,降低饲养成本。

【用法与用量】 同葡聚糖酶,如遇连续高温(超过 30℃)或饲料贮存期长,应将植酸酶的添加量增加 5%～10%。

【注意事项】 ①本产品无毒、无害,可自然降解。②饲养人员避免不必要的接触,长期接触会使人对该产品敏感。每次接触产品后要用温水、香皂洗手。应将产品放在儿童不能触及的地方。③在蛋鸡饲料中使用植酸酶降低饲料成本的效果最明显,但副作用也最严重,尤其是在夏季和产蛋高峰期。所以在蛋鸡饲料中使用植酸酶一定要考虑产蛋期、季节和采食量。生产中也有人反映使用植酸酶后蛋鸡出现蛋壳颜色发白、蛋鸡腿软等现象,这些现象有的与使用植酸酶有关,而有的则与使用植酸酶无关,应综合考虑并分析原因。

【贮藏与有效期】 应尽量将植酸酶贮存在凉爽、通风的地方,避免受潮,在21℃~25℃室内贮存,避免阳光照射和潮湿,保质期为24个月。

(二)复合酶制剂

复合酶制剂是以1种或几种单一酶制剂为主体,加上其他单一酶制剂混合而成。可同时降解饲料中多种养分和抗营养因子。由于多种酶混合使用可产生更强的药效,因此大多数酶制剂都是复合酶,包括:①以蛋白酶和淀粉酶为主的复合酶,主要用于补充畜禽内源酶的不足。②以β-葡聚糖酶为主的复合酶,主要用于谷实饲料日粮。③以纤维素酶、果胶酶为主的复合酶,能消除植物性饲料中多种抗营养因子。④以纤维素酶、蛋白酶、淀粉酶、糖化酶、葡聚糖酶、果胶酶为主的复合酶。

二、免疫增强剂

1. 禽用免疫球蛋白

【主要成分】 禽用免疫球蛋白(lgG、lgA、lgE、lgM、lgD)。

【物理性状】 无色至淡黄色液体。

【作用与用途】 ①本品能够预防、治疗因免疫缺损和免疫功能紊乱所致的各种病毒性疾病,如温和型禽流感、非典型新城疫、鸭瘟、小鹅瘟、鸭肝炎、传染性法氏囊病、马立克氏病、传染性脑脊髓炎、传染性支气管炎、喉气管炎、鸡产蛋下降综合征、鸡痘、病毒性肝炎等。②预防和治疗因免疫能力下降引起的细菌性疾病,如大肠杆菌病、沙门氏菌病、巴氏杆菌病等。③用于免疫失败的补救治疗。④提高抗应激能力,可在长途运输前、长途运输进舍隔离时应用。

【用法与用量】 肌内注射或滴鼻、点眼。本品10毫升(用

30℃以下的专用稀释液稀释)可供1 000只成禽或2 000只雏禽使用,每天1次,连用3天。重症剂量加倍,同时配合使用禽用转移因子,效果更好。

【注意事项】 ①禁止与疫苗同时使用,必须注射疫苗时,需间隔48小时以上。②配合药物治疗疾病时禁止与酸碱溶液混合使用。③若有沉淀,不影响疗效,使用前摇匀,开启后请一次用完。

【贮藏与有效期】 在-20℃条件下保存,切记不可反复冻融,有效期为12个月。

2. 禽用聚肌胞水溶液

【主要成分】 聚肌胞苷酸、淋巴活化因子。

【物理性状】 本品为无色的澄清液体。

【作用与用途】 主要用于治疗细菌和病毒引起的禽慢性呼吸道病、采食量下降、排黄色黏液便至死亡等。

【用法与用量】 皮下注射,治疗用量,雏禽3 000羽/瓶,成禽1 500羽/瓶。

【不良反应】 本品尚无明显不良反应。

【注意事项】 ①不得与酸、碱溶液同时注射。②开启后一次性用完,有污染、浑浊或变色等现象时不可使用。

【贮藏与有效期】 避光在2℃~8℃条件下保存,有效期为24个月。

3. 禽用转移因子

【主要成分】 为转移因子是T淋巴细胞释放的一种低分子核苷酸肽,可将供体的某种特定的细胞免疫功能特异性地传递给受体,并能增强细胞的免疫功能。

【物理性状】 本品为无色或微黄色澄明液体。

【作用与用途】 ①主要用于预防和治疗鸡新城疫、禽流感、禽传染性法氏囊病、传染性支气管炎、传染性喉气管炎、马立克氏病、副黏病毒病、腺病毒病及以上病毒引起的免疫抑制病等。②在发病、转群、换料、断喙等应激等状况下,配合抗菌、抗病毒药物,可降低应激,有效控制大肠杆菌病、慢性呼吸道病及其他混合感染。

【用法与用量】 点眼、饮水或注射,可以与疫苗同时使用。治疗用量,雏鸡2 000羽/瓶,成鸡1 000羽/瓶饮水,2天1次,连用2次。预防用量,可与疫苗同用2 000～3 000羽/瓶。

【不良反应】 尚不明确。

【注意事项】 ①不得与酸、碱溶液同时注射。②开启后一次性用完,有污染、浑浊或变色的勿用。

【贮藏与有效期】 在2℃～8℃条件下避光保存,有效期为24个月;在-15℃以下保存,有效期为36个月。本品可常温运输。

4. 植物血凝素(PHA)

【主要成分】 本品是植物多肽(由D-甘露糖、氨基酸葡萄糖衍生物构成)与蛋白质的复合物,植物血凝素≥60%。

【物理性状】 本品为无色或微浊液体。

【作用与用途】 用于预防和治疗鸡新城疫、禽流感、禽传染性法氏囊病、传染性支气管炎、传染性喉气管炎、马立克氏病、鸭瘟、鸭病毒性肝炎、小鹅瘟、副黏病毒病、腺病毒及以上9种病毒引起的免疫抑制等。

【用法与用量】 混饮或注射,本品10毫升供1 500羽成禽或3 000羽雏鸡使用,每日1次,连用1～2天,重症剂量加倍。

【不良反应】 无明显不良反应。

【注意事项】 不能与酸、碱溶液同时注射。

【贮藏与有效期】 在2℃～8℃条件下避光保存,有效期为24个月;在-15℃以下保存,有效期为36个月。本品可常温运输。

5. 免疫核糖核酸

【主要成分】 主要成分为免疫核糖核酸。

【物理性状】 本品为无色或淡黄色液体。

【作用与用途】 广谱抗病毒,能预防和治疗因免疫缺陷和免疫功能紊乱所致的各种疾病,如非典型新城疫、传染性支气管炎、传染性喉气管炎、传染性法氏囊病、鸡痘、鸭病毒性肝炎、鸭瘟、鹅瘟、鸽瘟等病毒性疾病。

【用法与用量】 混饮或注射,10毫升供1 500羽成禽或3 000羽雏鸡使用,每日1次,连用1~2天,重症剂量加倍。

【不良反应】 个别家禽可发生过敏反应,如轻度发热,注射局部疼痛、红肿,甚至有硬块,严重者应停止使用。

【注意事项】 本品与冻干活疫苗的应用应间隔72小时以上,当制剂性状发生改变时禁止使用。

【贮藏与有效期】 在2℃~8℃条件下避光保存,有效期为24个月;在-15℃以下保存,有效期为36个月。可常温运输。

6. 克毒清(家禽专用)

【主要成分】 含有INF-α+INF-γ、抗菌肽、稳定剂、抗消化因子、保护因子等,每毫升含100万活性单位。

【物理性状】 本品为无色或浅黄色液体。

【作用与用途】 主要用于预防禽类各种病毒性感染和感染后及疫苗免疫失败后的紧急治疗。

【用法与用量】 肌内注射或滴口,成禽用200毫升生理盐水稀释,每只0.2毫升。雏禽每只0.1毫升,每日1次,连用3天。

【不良反应】 无明显不良反应。

【注意事项】 ①不得与酸、碱溶液同时注射。②开启后一次性用完,有污染、浑浊或变色者勿用。

【贮藏与有效期】 在2℃~8℃冷暗处避光保存,有效期为24个月。

7. 白细胞介素-2

【主要成分】 本品含白细胞介素-2、进口佐剂,每毫升白细胞介素的含量不低于120单位。

【物理性状】 无色或淡黄色微浊溶液。

【作用与用途】 ①对禽常见的细菌病及病毒病(新城疫、禽流感、传染性法氏囊病、传染性喉气管炎、传染性支气管炎、产蛋下降综合征、鸡痘、脑脊髓炎、马立克氏病、鸭瘟、鸭肝炎、鹅瘟等)具有一定的治疗或预防作用。②增强抗病能力,在发病情况下与药物或疫苗配合使用能在短时间内控制疾病,降低死亡率。③提高机体抗应激能力,在炎热、运输、防疫等情况下使用,能明显增强机体抗应激能力,降低应激的发生。

【用法与用量】 肌内注射,30日龄前每只1毫升,30~70日龄每只2毫升,70日龄后每只3毫升。

【不良反应】 尚不明确。

【注意事项】 ①本品为无菌活性蛋白制剂,开启后一次性用完,有污染的勿用,内有轻微絮状物浑浊为正常。②可以与药物或疫苗同时使用。

【贮藏与有效期】 在2℃~8℃条件下避光保存,有效期为2年。

8. 禽白细胞介素(IL-16)

【主要成分】 禽白细胞介素-16。

【物理性状】 本品为白色或浅黄色冻干粉。

【作用机制】 白细胞介素又称为T细胞生长因子,能特异性诱导机体细胞免疫和体液免疫,增强机体免疫力,提高抗病和抗感染能力,提高疫苗免疫效果。

【作用与用途】 增强机体免疫能力,提高机体整体抗病能力,缓解免疫抑制、免疫麻痹和免疫应激给家畜机体带来的危害。免疫时与疫苗(冻干疫苗、灭活疫苗)同时使用,可刺激机体提前产生免疫,降低疫苗反应和对免疫部位的伤害,提高抗体水平,抗体整齐度好,维持时间长。在发病情况下与药物或疫苗配合使用能在短时间内控制疾病,减少鸡只死亡。提高机体抗应激能力,在炎热、换料等情况下使用,能明显增强机体抗应激能力,减少应激的发生。

【用法与用量】 混饮、点眼或注射,用生理盐水或疫苗稀释液稀释。与疫苗(冻干疫苗或灭活疫苗)联合应用,每瓶(6克)用于雏鸡4000羽,青年鸡3000羽,成鸡2000羽。根据情况可以加倍量使用。发生应激及病毒病后,每瓶本品用生理盐水或疫苗稀释液稀释后加水300升,每日1次,连用2~3天。首次应用时重症者剂量加倍。

【注意事项】 ①不得与酸、碱溶液同时注射。②开启后一次性用完,有污染者勿用。③可以与药物或疫苗同时使用。

【贮藏与有效期】 低温冷冻保存,有效期为24个月。

9. 鸭疫净(水禽专用)

【主要成分】 含有IFN-α、IFN-γ、抗菌肽、稳定剂、抗消化因子等,每毫升含500万活性单位。

【物理性状】 本品为无色透明或微浊液体。

【作用与用途】 ①主要用于水禽类各种病毒性疾病感染前的有效预防和感染后及疫苗免疫失败后的紧急治疗。②用于防治鸭瘟、鸭病毒性肝炎、小鹅瘟、产蛋下降综合征、流行性感冒、呼吸系统综合征;肉鸭25日龄后的顽固性三包症、病毒性肠炎、番鸭细小病毒病等。

【用法与用量】 肌内注射时,每瓶(6毫升)用200毫升生理盐水稀释,成鸭0.2毫升/只,雏鸭0.1毫升/只,每日1次,连用3天。饮水使用时雏鸭2500羽/瓶,成鸭1500羽/瓶,每日1次,连用3~5天。病情严重时可以酌情加量。

【不良反应】 尚不明确。

【注意事项】 避免同时服用茶碱、含镁或氢氧化镁的制剂。

【贮藏与有效期】 在2℃~8℃冷暗处避光保存,有效期为24个月;在-15℃以下保存,有效期为36个月。本品可常温运输。

第七章　家禽常用副免疫制品的合理使用

10. 鸭用基因工程干扰素

【主要成分】 含有 IFN-α、IFN-γ、抗菌肽、稳定剂、抗消化因子、保护因子等，本品每毫升含 100 万活性单位。

【物理性状】 本品为无色透明或微浑浊液体。

【作用与用途】 本品采用真核和原核双重表达，具有广谱抗病毒、提高免疫力的作用，同时对细菌性疾病也有很好的治疗效果。主要用于水禽类各种病毒性疾病感染前的有效预防和感染后及疫苗免疫失败后的紧急治疗，如鸭瘟、鸭病毒性肝炎、小鸭瘟、产蛋下降综合征、流行性感冒、呼吸系统综合征、肉鸭 25 日龄后的顽固性三包症、病毒性肠炎、番鸭细小病毒等。

【用法与用量】 肌内注射时用 200 毫升生理盐水稀释，成鸭每只 0.2 毫升，雏鸭每只 0.1 毫升，每天 1 次，连用 3 天。饮水使用时雏鸭 2500 羽/瓶，成鸭 1500 羽/瓶，每天 1 次，连用 3～5 天。病情严重或饮水使用时可以酌情加量。

【不良反应】 尚不明确。

【注意事项】 ①在使用本品前、后 36 小时内不得使用活疫苗，但可以与灭活疫苗分别注射或同时从不同途径给药。根据病情配合抗生素联合使用效果更佳。②本品在运输保存时，避免反复冻融。③饮水给药时，水温不得超过 25℃。④开瓶后应一次性用完。

【贮藏与有效期】 在 2℃～8℃ 冷暗处避光保存，有效期为 24 个月；在 -15℃ 条件下保存，有效期为 36 个月。本品可常温运输。

11. 转移因子（水禽）

【主要成分】 水禽转移因子，每毫升转移因子的含量不低于 48 毫克。

【物理性状】 本品为无色或微黄色澄清液体。

【作用与用途】 主要用于预防和治疗鸭瘟、鸭病毒性肝炎、产蛋下降综合征、鸭传染性浆膜炎、小鹅瘟以及由以上病毒引起的免疫抑制病等。在发病、转群、换料等应激状况下配合抗菌、抗病毒药物,可降低应激并能有效控制大肠杆菌病、慢性呼吸道病及其他混合感染。

【用法与用量】 点眼、饮水或注射,可与灭活疫苗同时使用。在应激及病后配合药物同时使用,雏鸭 3 000 羽/瓶,成鸭 1 500 羽/瓶,饮水,每 2 天使用 1 次,连用 2 次。预防时可与疫苗(弱毒疫苗、灭活疫苗)同时使用,3 000 羽/瓶。

【不良反应】 尚不明确。

【注意事项】 ①在使用本品前后 36 小时内不得使用活疫苗,但可与灭活疫苗分别注射或同时从不同途径给药。根据病情配合抗生素联合使用效果更佳。②本品在运输保存时,避免反复冻融。③饮水给药时,水温不得超过 25℃。④开瓶后应一次性用完。

【贮藏与有效期】 在 2℃~8℃ 冷暗处避光保存,有效期为 24 个月;在 −15℃ 条件下保存,有效期为 36 个月。本品可常温运输。

12. 干扰素-转移因子(家禽专用)

【主要成分】 含有 INF-α+INF-γ、抗菌肽、稳定剂、抗消化因子、保护因子等,有效含量每毫升不低于 100 万活性单位。

【物理性状】 无色透明或微浊液体。

【作用与用途】 同克毒清。

【用法与用量】 肌内注射或滴口,每瓶用 200 毫升生理盐水稀释,成禽 0.2 毫升/只,雏禽 0.1 毫升/只,每天 1 次,连用 3 天为 1 个疗程。

【注意事项】 ①在使用本品前后 36 小时内不得使用活疫苗,但可以与灭活疫苗分别注射或同时从不同途径给药。根据病情配合抗生素联合使用效果更佳。②本品在运输保存时,避免反复冻融。③饮水给药时,水温不得超过 25℃。④开瓶后应一次性用完。

【不良反应】 尚不明确。

第七章 家禽常用副免疫制品的合理使用

【贮藏与有效期】 在2℃~8℃条件下避光保存,有效期为24个月。

13. 翻译抑制蛋白

【主要成分】 翻译抑制蛋白,每毫升翻译抑制蛋白的含量为80毫克。

【物理性状】 白色或类白色冻干固体。

【作用与用途】 广谱抗病毒,能预防和治疗因免疫缺陷和免疫功能紊乱所致的各种疾病,适用于鸡、鸭、鹅、鸽等家禽各种病毒感染后的早期治疗和潜伏期感染阶段的紧急预防和治疗,如非典型新城疫、温和性禽流感、产蛋下降综合征、传染性支气管炎、传染性喉气管炎、传染性法氏囊病、鸡痘、鸭病毒性肝炎、鸭瘟、小鹅瘟、鹅副黏病毒病、鸽瘟等病毒性疾病。

【用法与用量】 混饮,取本品10毫升加水350升,全天用药量集中一次使用,每天1次,连用3天,重症者剂量加倍。

【不良反应】 无明显不良反应

【注意事项】 ①本品应在有经验的临床兽医师指导下按规定剂量、疗程和投药途径使用。②本品静置后有轻微沉淀析出为正常,用前摇匀,不影响使用效果,开启后一次性用完。③应用本品时与冻干活疫苗的注射应间隔48小时以上。④本品可同其他药物混合使用,无任何配伍禁忌。⑤本品无免疫抑制性,故长期使用不会有耐药性产生。

【贮藏与有效期】 在2℃~8℃条件下保存,有效期为24个月。

14. 多型基因工程干扰素

【主要成分】 基因工程干扰素,每毫升含100万个活性单位。

【物理性状】 无色液体。

【作用与用途】 ①能诱导动物细胞产生多种广谱抗病毒蛋白,抑制病毒增殖,增强机体免疫应答。对抗生素难以控制的病毒性、细菌性和免疫缺陷性疾病有显著而独特的疗效。主要用于新城疫、禽流感、传染性法氏囊病、传染性喉气管炎、传染性支气管炎、鸡痘、脑脊髓炎、产蛋下降综合征、马立克氏病等的预防和治疗。②增强抗病能力,在发病情况下与药物配合使用能在短时间内控制疾病,降低死亡率。

【用法与用量】 治疗时肌内注射,雏鸡 4 000 羽/瓶,成鸡 2 000 羽/瓶,每天 1 次,连用 2 天,饮水时剂量加倍,预防时剂量减半。

【不良反应】 个别动物会出现轻微的过敏反应。

【注意事项】 ①稀释干扰素要用灭菌的注射用水或生理盐水,不要使用酸、碱性溶液和 5% 糖盐水,否则减效或失效。②干扰素能抑制病毒的复制与繁殖,因此使用干扰素前、后 72 小时之内不要给鸡群接种弱毒活疫苗,以免影响免疫效果。灭活疫苗可与干扰素同时使用,但不要混合注射。③可与其他药物同时使用。饮水给药时,水温不能超过 30℃。同时,建议使用前禁水 2~4 小时。④启用后在规定时间内一次用完,以免失效。反复冻融影响药品疗效,开封后在无菌冷藏条件存放不能超过 7 天。⑤有细菌感染、发热、呼吸道等并发症时应配合抗菌药物、解热镇痛药物使用,与抗病毒药物配合使用时建议分点注射。⑥没有毒副作用和药物残留,无耐药性的发生,正常情况下对动物不产生严重不良反应。

【贮藏与有效期】 在密封、干燥处保存,有效期为 24 个月。

三、微量元素制剂

动物营养素(家禽专用)

【主要成分】 本品主要成分为锰、铜、铁、锌、钙、磷等,其含量分别均不低于 0.1%,总含量不低于 5%,水分含量不超过 10%,

第七章 家禽常用副免疫制品的合理使用

还含有部分有机酸、中草药等多种营养成分。

【物理性状】 本品呈淡黄色粉状。

【作用与用途】 促进羽毛生长,缩短换羽期。促进生长,增强抗病力。提高产蛋率,降低饲料消耗。

【用法与用量】 拌料或饮水均可。幼雏期每天2次,每次0.1克;成年期每天2次,每次0.2克;产蛋期每天2次,每次0.3克。拌料饲喂时,每千克饲料添加1~1.5克混拌均匀饲喂;饮水投喂时,幼雏按1:800倍,成禽按1:500倍稀释,直接饮用。

【不良反应】 无明显不良反应。

【注意事项】 本品应在阴凉、干燥处保存,不可受潮。可按使用说明书的用量使用,也可根据饲喂禽类体重及体能反应酌情增减用量。

【贮藏与有效期】 有效期为5年。

由于微量元素也可以通过家禽粪便排出体外,对外界环境造成污染,因此人们开发出有机微量元素代替无机微量元素,从而减少无机微量元素在动物体内的排泄,减少对环境的污染,同时还能保证动物机体的摄入量。

附表一 生物制品使用过程中常用名词及解释

名 词	英文缩写	解 释
半数致死量	LD_{50}	表示致病微生物(或其毒素)以特定的途径接种动物,在一定时间内能致死50%动物的剂量
半数鸡胚致死量	ELD_{50}	表示能致死半数鸡胚的微生物剂量
最小致死量	MLD	表示经一定途径能在一定时间内完全杀死一组试验动物的致病性微生物(或毒素)的最小剂量
最小感染量	MID	表示经一定途径在一定时间内能使接种动物或组织培养出现可见感染的最小微生物剂量
半数感染量	ID_{50}	表示能使实验动物或组织培养半数出现感染的微生物剂量
半数鸡胚感染量	EID_{50}	表示能使鸡胚半数出现感染的微生物剂量
半数细胞培养感染量	$TCID_{50}$	表示能使50%接种后的细胞产生细胞病变的病毒量
致细胞病变作用	CPE	表示病毒在细胞培养中生长后,使细胞发生退行性变性,细胞由多角形皱缩为圆形,出现空泡、坏死等现象,最后引起细胞死亡

附表一　生物制品使用过程中常用名词及解释

续附表一

名词	英文缩写	解释
菌落形成单位	CFU	是指在活菌培养计数时,由单个菌体或聚集成团的多个菌体在固体培养基上生长繁殖所形成的集落,称为菌落形成单位,以其表达活菌的数量
优良制造标准	GMP	是一种特别注重在生产过程中实施对产品质量与卫生安全的自主性管理制度
半数免疫量	IMD_{50}	是使半数动物产生免疫的剂量
半数保护量	PD_{50}	是使半数动物获得保护的剂量
颜色改变单位	CCU	通常用于很小、用一般比浊法无法计数的微生物,是以微生物在培养基中的代谢活力为指标,以计数微生物的相对含量
空斑形成单位	PFU	是一种测定病毒感染性比较准确的方法。将适当浓度的病毒悬液接种到生长单层细胞的玻璃平皿中,当病毒吸附于细胞上后,再在其上覆盖一层溶化的半固体营养琼脂层,待凝固后,孵育培养。当病毒在细胞内复制增殖后,每一个感染性病毒颗粒在单层细胞中产生1个局限性的感染细胞病灶,病灶逐渐扩大,若用中性红等活性染料着色,在红色背景中显出没有着色的"空斑"。每个空斑由单个病毒颗粒复制形成,所以病毒悬液的滴度可以用每毫升空斑形成单位(PFU)来表示
无特定病原体动物	SPF	是指机体内无特定的微生物和寄生虫存在的动物,但非特定的微生物和寄生虫是允许存在的

附表二 商品蛋鸡参考免疫程序

免疫时间	使用疫苗	
1日龄	马立克氏病疫苗①	
3日龄	传染性支气管炎疫苗	
7日龄	新城疫Ⅳ系疫苗	
9~10日龄	新城疫、禽流感H9亚型疫苗	
13~14日龄	传染性法氏囊病疫苗②	
16~17日龄	禽流感H5油苗	新城疫、禽流感二联苗
20日龄	新城疫Ⅳ系疫苗	
26日龄	传染性法氏囊病中等毒力疫苗	
31日龄	新城疫、禽流感H9亚型油苗	
36日龄	禽流感油苗（H5亚型）	
45日龄	传染性喉气管炎疫苗③	
52日龄	传染性支气管炎（H_{52}）疫苗	
60日龄	新城疫Ⅰ系疫苗	
75日龄	鸡痘疫苗	
85日龄	传染性喉气管炎疫苗（点眼）	
90日龄	大肠杆菌灭活疫苗	
95日龄	禽流感油苗（H9亚型）	
105日龄	禽流感油苗（H5亚型）	
120日龄	新城疫Ⅰ系疫苗	
	新城疫、支原体、产蛋下降综合征三联油苗	
125日龄	鸡传染性法氏囊病疫苗	
200日龄	鸡新城疫油苗或新城疫联苗	

注：①发病严重的鸡场，可在10日龄重复免疫1次，可明显降低发病率。②若没有母源抗体，应该在7日龄首免，14日龄二免；有母源抗体的鸡，14日龄首免，21日龄二免，28日龄三免。③没有发生该病的鸡场可酌情选择。

附表三　蛋(肉)用种鸡参考免疫程序

免疫日龄	使用疫苗	
	蛋种鸡	肉种鸡
1日龄	马立克氏病疫苗	
	传染性支气管炎疫苗	
3日龄	—	禽病毒性关节炎弱毒疫苗
		鸡球虫病活疫苗●
5日龄	传染性法氏囊病疫苗▲	
7~10日龄	新城疫、传染性支气管炎二联疫苗	
15日龄	传染性法氏囊病疫苗	
21~24日龄	新城疫、传染性支气管炎二联疫苗	
	禽流感(H5+H9)二价灭活苗	
25日龄	传染性法氏囊病疫苗★	
30~35日龄	鸡痘疫苗	
	—	禽病毒性关节炎弱毒疫苗
35~40日龄	传染性喉气管炎疫苗	
40~45日龄	传染性鼻炎疫苗	
50日龄	传染性支气管炎疫苗	
65~70日龄	新城疫疫苗	
	传染性喉气管炎疫苗	
75~80日龄	传染性鼻炎疫苗	
80~85日龄	鸡痘疫苗	
85~90日龄	禽脑脊髓炎灭活疫苗	

续附表三

鸡龄日龄	使用疫苗	
	蛋种鸡	肉种鸡
90～95日龄	大肠杆菌油苗	
115～120日龄	禽流感（H5+H9）二价灭活苗	
	新城疫、传染性支气管炎、产蛋下降综合征三联灭活苗	新城疫、传染性支气管炎、产蛋下降综合征、传染性法氏囊病四联灭活疫苗
120～125日龄	传染性法氏囊病油苗	禽病毒性关节炎疫苗
300～310日龄	新城疫、传染性支气管炎、传染性法氏囊病三联灭活疫苗	
	禽流感（H5+H9）二价灭活苗	
	—	禽病毒性关节炎疫苗

注：●要根据鸡场的情况进行选择，适用平养鸡舍；▲用于母源抗体缺乏的鸡群。★5日龄首免过的可不免疫。

从120日龄开始每隔60～90天进行1次新城疫或新城疫、传染性支气管炎疫苗饮水免疫，卫生条件允许时，可进行气雾免疫。

附表四　肉鸡参考免疫程序

免疫时间	使用疫苗
1 日龄	鸡马立克氏病疫苗△
3 日龄	新城疫、传染性支气管炎二联疫苗
10 日龄	禽流感灭活疫苗
14 日龄	传染性法氏囊病疫苗
18 日龄	鸡病毒性关节炎灭活疫苗
21 日龄	新城疫、传染性支气管炎二联疫苗
28 日龄	传染性法氏囊病疫苗

注：△1 日龄的雏鸡可感染马立克氏病，但发病通常在 90 日龄后，因此很多肉鸡场不进行马立克氏病疫苗的接种。但研究发现，被马立克氏病毒感染的鸡，虽然在出栏前不表现明显的临床症状，但其生长速度、饲料转化率均会受到影响，因此建议肉鸡场考虑该病的预防接种。

附表五　鸭、鹅参考免疫程序

免疫时间	使用疫苗
3 日龄	鸭病毒性肝炎灭活疫苗
7～14 日龄	鸭疫里默氏杆菌病、大肠杆菌病二联灭活疫苗※
	鸭流感灭活疫苗
15 日龄	鸭瘟活疫苗
28～35 日龄	鸭瘟、鸭病毒性肝炎二联疫苗※
45～50 日龄	鸭大肠杆菌病灭活疫苗
70 日龄	禽霍乱蜂胶灭活疫苗
150～160 日龄	鸭瘟、鸭病毒性肝炎二联疫苗※
170 日龄	鸭大肠杆菌病灭活疫苗
190 日龄	禽霍乱蜂胶灭活疫苗
320～330 日龄	鸭瘟、鸭病毒性肝炎二联疫苗※
开产前 20～30 日龄	小鹅瘟活疫苗

注：※表示可以选用单苗进行免疫，但接种时不可同时进行。

参考文献

[1] 姜平.兽医生物制品学(第二版)[M].北京:中国农业出版社,2002.

[2] 郭旭,王宾.疫苗使用注意事项[J].畜牧兽医科技信息,2008(2):94.

[3] 张庆丰,陈士刚.动物疫苗使用的注意事项[J].畜牧兽医科技信息,2006(6):96.

[4] 韩国,鞠洪文,张建勤.动物疫苗使用注意事项[J].现代农业,2003(3):25-26.

[5] 朱学军,李法贵,郭庆农.猪常用疫苗的使用方法[H].中国畜牧兽医报,2005-4-3(5).

[6] 陈溥言.兽医传染病学(第五版)[M].北京:中国农业出版社,2006.

[7] 李嘉红.畜禽疫苗使用要科学[H].中国畜牧兽医报,2008-9-7(11).

[8] 赵锁花.疫苗使用八不要[J].畜牧与饲料科学,2004(4):63.

[9] 雷祥前,刘健鹏,黄嫱,等.动物免疫接种不良反应及应激措施[J].动物医学进展,2005,26(11):115-116.

[10] 李红霞,王永茂,黄廷贺.畜禽免疫接种常出现的不良反应及防治原则[J].今日畜牧兽医,2008(3):34-35.

[11] 崔兰芝,魏春华.疫苗使用的注意事项以及对免疫失败的看法[J].内蒙古农业科技,2006(7):214-216.

[12] 皮赛文,王孝云,王瑛华,等.疫苗使用中应注意的问题以及免疫失败原因分析[J].现代畜牧兽医,2008(10):33-34.

[13] 王新梅,沈学宁,廖凤先.当前规模化养鸡业疫病流行特点及防控对策[J].现代农业科技,2008(2):19-20.

[14] 陈启荣.回顾过去科研成果探讨21世纪养鸡业新路向——鸡品种资源研究十大新论[J].中国禽业导刊,2000,17(2):13-14.

[15] 王生雨,连京华,廉爱玲.我国养鸡业历史回顾及未来发展趋势[J].山东家禽,2003(1):8-13.

[16] 王克明.当前制约农村养鸡业发展的问题及对策[J].河南畜牧兽医,2004,25(5):47-48.

[17] 刘秀梵.当前我国禽病发生和流行的特点及防治对策中的误区[J].中国家禽,2001,23(9):2-10.

[18] 司兴奎,张济培,陈建红,等.影响我国禽产品出口和安全的几种主要疫病[J].动物医学进展,2005,26(12):102-105.